위험한 숫자들

THE NUMBER BIAS

Copyright © 2020 Sanne Blauw
Het bestverkochte boek ooit(met deze titel) originated on The Correspondent,
unbreaking news.
www.thecorrespondent.com
Infographics by De Correspondent
All rights reserved

Korean Translation Copyright © 2022 by Gilbut Publishing Co., Ltd
Korean edition is published by arrangement with Janklow&Nesbit(UK) Ltd.
through Imprima Korea Agency

이 책의 한국어판 저작권은 Imprima Korea Agency를 통해 Janklow&Nesbit(UK) Ltd.와
독점 계약한 길벗이 소유합니다.
저작권법에 따라 한국 내에서 보호를 받는 저작물이므로 무단 전재 및 복제를 금합니다.

위험한 숫자들

숫자는 어떻게
진실을 왜곡하는가

사너 블라우 지음 | 노태복 옮김

THE NUMBER BIAS

더 퀘스트

새로운 사회를 맞이하여

수의 팬데믹 시대를 살아가는 사람들에게

   도널드 트럼프Donald Trump 대통령이 책상 위에 놓인 문서 더미를 손님에게 건네며 말했다. "이 도표들 좀 보시죠." 백악관에서 트럼프 맞은편에 앉아 있던 사람은 인터넷 언론 악시오스Axios의 정치부 기자 조너선 스완Jonathan Swan이었다. 2020년 7월 말에 스완은 30분 동안 트럼프와 인터뷰할 기회를 얻었다. 둘은 코로나19 바이러스 위기에 관해 15분 남짓 이야기를 나누었다.

   "여기 있네요." 문서 중 하나를 왼쪽에서 오른쪽으로 위에서 아래로 살펴본 뒤에 트럼프가 말했다. "여기요, 여기 보면 미국이 수많은 범주에서 가장 낮습니다. 다른 나라들보다 낮다고요."

   "다른 나라들보다 낮다고요?" 찡그린 탓에 스완의 눈이 실낱같이 가늘어졌다. 그의 표정은 나중에 인터넷에 밈으로 퍼진다.

"우리가 유럽보다 낮습니다."

"무슨 뜻인가요? 어디서요? 어디서요?"

"보세요. 살펴보세요. 바로 여기. 바로 사망자 수 말입니다."

트럼프가 건넨 문서 속 도표를 살펴보면서 스완은 말했다. "아, 확진자 대비 사망자 비율을 말씀하신 거네요. 저는 총인구 대비 사망자 비율로 말하고 있었는데요." 스완은 눈을 치켜 떴다. "총인구 수에서의 비율은 미국이 아주 안 좋아요. 대한민국, 독일 등보다 훨씬 나쁩니다."

트럼프가 고개를 저었다. "그렇게 보면 안 되죠."

*

《위험한 숫자들The Numbers Bias》이 네덜란드에서 처음 출간되었을 때만 해도 나는 앞으로 닥칠 일을 까맣게 몰랐다. 2020년이 되면 어떤 바이러스가 온 세상을 집어삼키리라고 누가 상상이나 했겠는가. 전 세계에 걸쳐 수천만 명이 감염되고 180만 명 이상이 사망하는 데다 그 수가 계속 늘어난다는 사실을 말이다.

책이 출간되고 1년 반이 지난 시점에 숫자가 갑자기 주목을 받기 시작했다. 기하급수적 증가, 감염재생산지수, 확산세 줄이기 flattening the curve 등의 용어는 이제 흔한 말이 되었다. 왓츠앱 사용자들은 계산 결과를 공유하는 데 익숙해졌고, 수치들이 저녁 뉴스의 단골 소재가 되었으며, 통계 지식이 있는 사람은 단연 돋보였다.

숫자는 현대사회에서 어떤 시기에 결정적인 역할을 했다. 그것이 이 책의 핵심 메시지다. 경제통계든 시험점수든 여론조사든 빅데이터든 숫자는 이 세상에 영향을 끼친다. 나는 이 책을 쓰면서 숫자 전문가가 아닌 사람도 자신의 삶이 숫자에 의해 지배당한다는 사실을 확실히 알게 되길 바랐다.

2020년이 되자 그런 메시지는 더 이상 설명이 필요 없게 되었다. 이번 코로나19 바이러스 대유행 기간만큼 숫자가 우리 삶에 끼치는 영향이 이토록 명백해진 적은 일찍이 없었다. 코로나19 바이러스 수치들은 우리가 가족을 만나러 갈 수 있을지, 술을 살 수 있을지, 사무실에서 일할 수 있을지, 학교에 갈 수 있을지, 파티를 열 수 있을지, 여행이나 축구시합을 할 수 있을지, 극장에 갈 수 있을지, 장례식에 참석할 수 있을지 여부에 영향을 끼쳤다. 우리의 삶이 완전히 달라진 까닭은 숫자 때문이었다. 또는 바이러스 때문이라고도 할 수 있다. 어쨌거나 숫자야말로 그 바이러스를 추적하는 데 반드시 필요했다. 수가 없는 세상을 상상해보라. 중환자실 병상이 몇 개 남았는지, 정부가 취하는 조치들이 감염 확산을 막는 데 도움이 되는지, 백신이 효과가 있는지를 우리는 알지 못할 것이다. 말 그대로 숫자가 생사를 가른다. 그렇기에 숫자를 잘 이해하는 일은 중요하다. 숫자가 사회에 중요한 역할을 하는 때에는 그 숫자를 나쁘게 이용하려는 동기가 생겨나기 때문이다.

*

속임수를 쓴다며 도널드 트럼프를 비난하는 것도 이젠 식상하다. 그 사람이 재임 중에 한 거짓말만 해도 3만 가지가 넘는다. 대표적인 사례로, 살균제를 주입하면 체내 코로나19 바이러스를 퇴치할지 모른다고 제안하기까지 했다. 또한 트럼프 정부의 미국 경제가 역사상 최고라고 우겼으며, 멕시코와의 국경 장벽이 거의 완성되었다고 주장했다.

트럼프는 취임식 구경꾼 수에 관해 거짓말을 하면서 임기를 시작했다. "100만 명쯤, 150만 명쯤인 것 같더라고요." 대통령에 오른 첫날에 그가 한 말이다. (구름이 낀 날이어서 위성사진이 제대로 나오지 않아) 내셔널몰에 몇 명이 모였는지 정확하게 알아내기는 어렵지만, 전문가들의 의견을 취합해보면 모인 구경꾼의 수는 150만 명 근처에도 가지 않았다. 대통령의 고문인 켈리앤 콘웨이Kellyanne Conway는 텔레비전에서 그 거짓말을 옹호하면서 역사적인 말을 남겼다. 그건 거짓말이 아니라 '대안적 사실'이라나. 수를 꾸며내는 식의 오용은 예삿일이 아닌데, 수학 전문기자인 나로서도 자주 접하진 않았다. 그만큼 수를 완벽하게 꾸며내는 배짱을 지닌 사람은 매우 드물다.

더 중요한 점으로 과학적인 것처럼 보이는 주장이 언제나 더 설득력이 있다. 특히 간편하게 얻을 수 있는 수치일 때 그렇다. 트럼프가 조너선 스완과 나눈 대화가 좋은 예다. 백악관의 누군가가 왕창 출력해와서는 트럼프의 책상에 올려놓은 문서 더미는 아워월드인데이터Our World in Data에서 나온 도표였는데, 옥스퍼드대학교에서 운영하는 이 데이터 플랫폼은 뛰어난 통계자료로 유명하다. 대안적 사실의 장본인인 트럼프조차도 자기 입장을 뒷받침하고자 숫자를 이용한다. 진짜 숫자를.

숫자를 이용하면 과학적인 듯한 인상을 주기 때문에 다른 사람을 설득하기 좋다. 숫자가 거짓말을 할 리가 있겠는가? 수치화한다는 것은 곧 안다는 것이다. 세상은 쉽사리 편견에 젖지만, 숫자는 공평무사하게 진실을 나타내주는 듯하다. 하지만 이 책은 그 수치가 결코 객관적이지 않음을 보여주고자 한다. 숫자는 측정하는 순간 이미 객관성을 잃는다. 무엇을 어떻게 측정하는지는 애당초 주관적인 결정이다.

네덜란드 정부의 코로나19 바이러스 정책을 예로 들어보자. 2020년 5월 19일 보건부 장관 휘호 데 용어Hugo de Jonge가 '의사결정의 근거'로 삼을 코로나19 바이러스 수치 현황판을 설치하겠다고 발표했다. 감염자 수, 입원 환자 수, 요양원의 감염자 수 등 관련 정보가 현황판에 담길 터였다.

바로 이런 의료 관련 수치들이 식당, 학교 그리고 생존에 필수적이지 않은 상점의 폐쇄와 같은 새로운 조치들을 불러왔다. 코로나19 바이러스의 확산 방지 조치들 때문에 네덜란드인들은 담배를 더 많이 피웠고, 실업자가 되었고, 우울증에 걸렸다. 반면 현황판에 생활방식, 고용, 정신건강에 관한 수치들은 담기지 않았다. 우선순위가 다른 수들에게 있었기 때문인데, 의료활동에 과도한 부담을 지우지 않고 바이러스에 취약한 이들을 보호하기 위해서였다. 수긍할 만한 선택이긴 하지만, 여전히 하나의 선택일 뿐이었다. 그리고 통계에 따른 판단이었을 뿐만 아니라 도덕적 판단이기도 했다.

수치가 단지 의견일 뿐이라는 뜻은 아니다. 수치는 법과 같다. 엄밀한 검증을 받을 수 있는 주관적인 합의라는 말이다. 만약 발전, 지능, 건강을 측정해야 한다는 합의 그리고 측정을 어떻게 실시한다는 합의가 되어 있다면, 우리는 그런 조치들이 시간의 흐름 속에서 어떻게 진행되고 어떤 요소들이 관여하며 어떻게 국가별로 실적이 다르게 나타나는지 살펴볼 수 있다.

수는 적절하게 사용된다면 세계를 더 잘 이해하고 변화시키는 데 도움이 된다. 하지만 '적절하게 사용한다'가 무슨 뜻일까? 바로 여기에 통계(수의 표준화, 수집 및 분석 방법)가 끼어든다. 이 책에서 나는 무작위 표본이 트위터 여론조사보다 낫고, 상관관계가 인과관계와 똑같지 않으며, 우리가 오차범위를 고려해야 한다는 것을, 그리고 트럼프가 미국의 코로나19 바이러스 사망자 수에 관해 내놓은 주장이 완전히 틀렸다는 사실을 확실히 알려주고 싶다.

*

"왜 그러면 안 되는데요?" 스완이 대통령에게 물었다. "여기를 좀 보시죠, 여기." 트럼프는 다른 종이를 스완에게 건넸다. 밝은색의 막대가 그려진 도표였다. "여기가 미국입니다. 확진자를 기준으로 봐야 해요. 이게 확진자가 나온 표예요." 트럼프의 말에 스완이 다시 대꾸했다. "왜 총인구 대비 비율로 안 보시는 건가요?"

트럼프의 주장은 취임식의 150만 명처럼 순전히 꾸며낸 것은 아니다. 그가 본 수치는 치명률case fatality rate, CFR이었다. 즉 총감염자 대비 사망자의 비율이었다. 이것은 어떤 질병의 사망률을 근사해내는 유명한 전염병학 개념이다. 그 인터뷰가 있었던 2020년 7월 말에 유럽의 치명률은 7.0퍼센트였고 전 세계 평균은 3.9퍼센트였다. 그렇다면 미국은? 3.5퍼센트였다. 정말이지 트럼프 말마따나 '낮았다'.

다행히 스완은 똑똑해서 무엇이 잘못되었는지 금세 알아차렸다.

즉 치명률이 낮다고 해서 미국이 멀쩡하지는 않았다. 비록 그 비율이 낮더라도 감염자가 많으면 사망자도 많아진다. 그런 까닭에 스완은 총인구에 대한 비율도 보려고 했다. 7월 말에 유럽의 사망률은 100만 명당 264명이었고, 전 세계 평균은 84명이었다. 미국에서 사망률은 100만 명당 453명이었다. 유럽 사망률의 1.5배가 넘었고, 전 세계 사망률의 5배가 넘었다. 간단히 말해서 '낮음'의 정반대였다.

이 책은 이런 식으로 숫자를 잘못 이용하는 것을 폭로하고자 한다. 번지르르한 거짓말에도 일말의 진실이 담겨 있기에, 수치 속이기는 실제 수치와 관련성이 있을 때 밝혀내기가 무척 어렵다. 하지만 그런 속임수는 미묘해서 잠시 진짜 행세를 하더라도 결국 정체가 드러난다. 이 책에서 나는 그런 속임수를 직접 알아내는 방법을 알려주고 싶다. 통계학 박사학위가 필요한 일이 아니다. 어느 정도의 호기심과 상식만 있어도 충분하다. 또한 자신의 상태를 인식하는 것도 조금 필요하다.

"검사가 너무 많을 수 있다는 말이 있습니다. 아시겠지만." 트럼프가 인터뷰 초반에 말했다.

"누가 그런 말을 하던가요?"

"아, 그냥 매뉴얼에 나옵니다. 책에 나오지요."

"매뉴얼요?"

"요점은, 다른 나라들보다 검사를 잘해서 미국에서 감염 사례가 더 많이 나온 겁니다."

트럼프는 코로나19 바이러스 사망률에 대해서 하던 짓을 검사에 대해서도 똑같이 했다. 자신의 입장에 맞을 논거를 들이댄 것이다. 숫자는 통계만이 아니라 심리이기도 하다. 그런 잘못을 저지르는 사람은 트럼프만이 아니다. 누구나 그런다. 예컨대 백신 통계에 관한 뉴스가 희망적으로 들린다면 코로나 사태가 끝나길 바라기 때문이다. 한편 마스크의 효과에 관한 연구 결과를 듣고 화가 난다면 자유가 줄어든다고 느끼기 때문이다. 자국의 코로나19 바이러스 사망률에 관한 통계를 듣고 슬프다면 자기 나라를 자랑스러워하고 싶기 때문이다. 이처럼 모든 사람에게는 즉시 받아들이고 싶은 사실이 있고, 한편으로 즉시 거부하고 싶은 사실들도 있다.

비록 인터뷰에서 트럼프의 술책에 당하지 않았더라도 나중에 똑같은 술책에 당할 우려가 다분하다. 2020년 3월 네덜란드에서 한 통계 수치 목록이 빠르게 알려졌다. 당시 심각하던 이탈리아의 코로나19 바이러스 사망률을 네덜란드의 사망률과 비교하는 통계였다. 메시지는 충격적이었다. 네덜란드가 이탈리아와 똑같은 길을 가고 있었다!

하지만 수치들을 분석해보니 그런 메시지에 부합하도록 데이터를 취사선택해서 나온 결과였다. 두 수치 집합은 각각 임의로 어느 날부터 시작했는데, 교묘하게 일자를 선택해서인지 이탈리아 데이터를 외삽extrapolation해서 네덜란드 상황과 비교하면 정말로 심각해 보였다. 하지만 누가 봐도 명백하게 다른 시작 일자를 데이터 측정의 시작점으로 잡으면, 네덜란드의 팬데믹 추이는 이탈리아 것과 꽤 달라 보였으며 덜 심각했다. 결국 트럼프가 인터뷰에서 했던 바로 그런 식의 데이터 선택 때문에 벌어진 사태였다.

검사 건수가 늘어나서 감염자가 많아졌다는 주장은 어떨까? 2020년 여름 코로나19 바이러스 2차 대확산 때 네덜란드에서 그 주장이 널리 퍼졌다. 이번에는 술책이 아니라 타당한 주장이었다. 검사 정책이 통계에 영향을 끼쳤다. 하지만 그것은 2차 대확산을 심각하게 여기지 않아야 할 이유가 아니라 데이터를 더 신중하게 해석해야 할 이유였다. 언론 기사에서도 나는 그렇게 말했다. 어이없게도 트럼프가 그 말을 막무가내로 끌어들였을 뿐이다. 아전인수의 전형인 셈이다. 그러지 않도록 나도 조심해야겠다고 다짐한다.

*

코로나19 사태는 숫자의 가장 좋은 점과 가장 나쁜 점을 보여주었다. 또한 숫자가 얼마나 중요한지뿐만 아니라 얼마나 이기적인 목적에 잘못 사용될 수 있는지도 분명하게 드러났다.

　숫자는 신뢰할 근거와 통제력을 안겨준다. 특히 매우 불확실한 시기에 안정감을 주기도 하지만 한계도 있다. 미래가 어떤 상황일지 정확히 예측해내지 못하고 우리가 어떤 선택을 해야 하는지 알려줄 수도 없다. 그렇지만 숫자가 우리 인생에 큰 영향을 끼치는 것은 분명하다. 오늘도 내일도 그리고 코로나 대유행이 끝나고 한참 후까지도. 이 책을 통해 여러분이 숫자의 쓸모를 제대로 이해할 수 있으면 좋겠다.

머리말

숫자는 거짓말을 한다

한 여자가 미닫이문을 열고 먼지투성이 사무실로 들어와서 나랑 악수를 나눴다. '후아니타Juanita'[1]라는 여자였다. 헐렁하고 빛이 바랜 외투를 입어서인지 실제 체구보다 훨씬 작아 보였다. 그녀는 내 맞은편에 있는 접이식 의자에 앉았다. 나는 네덜란드 어느 대학교의 의뢰로 볼리비아에서 행복과 소득 불평등에 관해 연구하는 중이었다. 그래서 에스파냐어로 그녀의 삶과 나라에 관해 몇 가지 질문을 하고 싶다고 말했다.

이런 식의 설명은 이번이 처음이 아니었다. 열흘 전부터 나는 아르헨티나 국경에서 가까운 볼리비아 마을인 타리하Tarija 주민들을 인터뷰하고 있었다. 시장 상인들과 이야기를 나눴고, 딸기 농사를 짓는 농부들과 맥주를 마셨고, 여러 가정의 바비큐 파티에 참석했다. 최대한 많은 데이터를 모으기 위해서였다. 지금은 한 여성단체의 사무실에 질문 보따리를 안고 막 도착한 참이었는데, 그 단체 소장의 주선으로 여성 가사노동자 후아니타와 만났다. 내가 말했다.

"시작할게요. 나이가 어떻게 되세요?"

"쉰여덟이에요."

"어느 민족 출신인가요?"

"아이마라족Aymara이에요."

아하, 그녀는 토착 부족 출신이었다. 그쪽 사람을 만난 건 처음이었다.

"결혼은 하셨나요?"

"독신이에요."

"글을 읽을 수 있나요?"

"아뇨."

"쓰기는요?"

"못해요."

이런 식으로 질문들이 이어졌다. 직업은 뭔지, 교육 수준은 어느 정도인지, 휴대전화기나 냉장고 또는 텔레비전이 있는지 등등 나는 계속 질문했다.

수입이 얼마냐고 묻자 그녀가 대답했다. "한 달에 200볼리비아노를 벌어요." 볼리비아 대통령 에보 모랄레스Evo Morales가 얼마 전에 도입한 최저임금 815볼리비아노보다 크게 낮았다. "돈을 더 달라고 하면 잘릴까 봐 두려워요. 저는 카르피타carpita에 살아요." 카르피타라는 단어를 받아 적었지만 뜻은 몰랐다. 나중에 사전을 찾아보니 텐트라는 뜻이었다.

마침내 행복과 소득 불평등 사이의 관계라는 내 연구 주제의 핵심에 다다랐다. 이전에 나는 로테르담에 있는 에라스무스대학교의 11층에 있는 연구실 책상에서 파워포인트로 도표 다섯 개를 작성해두었다. 각각 상이한 소득 분포를 나타낸 도표였다. 볼리비아에서 연구를 시작한 지 하루 만에 나는 이 도표를 활용한 소득 불평등에 관한 질문을 모두에게 할 수는 없다는 사실을 깨달았다. 내가 인터뷰했던 시장 상인들은 그 도표의 의미를 이해하지 못했다. 하물며 (읽지도 쓰지도 못하는) 후아니타가 이 질문을 이해하리라고 기대할 수 있단 말인가? 그래서 도표 질문은 건너뛰기로 했다.

다시 인터뷰를 진행하려는데 그녀가 먼저 말을 꺼냈다. "볼리비아의 문제가 뭔지 아세요?" 그러고선 앉은 자세를 꼿꼿이 하더니 말을 이었다. "가난한 사람들은 너무 많고 부자들은 너무 적어요. 게다가 이 간극은 계속 커지고 있고요. 이 나라에선 누구도 다른 사람을 믿지 않는다는 사실이 놀랍지도 않답니다."

무심결에 그녀는 내가 작성한 도표 A를 설명해버렸다. 더군다나 내가 하려고 했던 다른 두 질문에도 답을 해버렸다. 미래에 관한 전

망과 그 나라에서 사람들끼리의 신뢰에 관한 질문이었다. 그녀를 완전히 얕잡아보았다는 생각에 얼굴이 붉어졌지만 나는 아무 일도 없다는 듯 인터뷰를 이어갔다. 마지막 질문을 던질 차례였다.

"지금 어느 정도 행복하신가요? 1부터 10까지의 등급으로 표현해주세요."

"1요."

"5년 후에는 어느 정도 행복하실 것 같나요?"

"1요."

*

숫자에 관해 의심하기 시작한 건 2012년의 이 인터뷰 기간 동안이었던 듯하다. 그전까지만 해도 나는 평범한 숫자 소비자였다. 신문을 읽거나 뉴스를 시청할 때 수치로 이해했다. 계량경제학 학위를 밟는 동안 과제를 해결하려고 담당 교수한테서 수치로 가득 찬 파일을 건네받거나 세계은행 같은 기관의 웹사이트에서 공식 데이터를 다운로드했다.

하지만 당시에는 미리 준비된 스프레드시트가 없었고 스스로 데이터를 수집해야 하는 처지였다. 그때 박사 과정 1년 차였던 나와 숫자는 한 몸과 같았다. 하지만 후아니타와 대화를 나누고 나서 수에 관한 믿음이 약해지고 말았다. 그녀의 행복을 조사하고 있었지만, 텐트에서 생활하는 그녀의 삶을 표현할 만한 숫자가 존재하지 않음을 깨달았다. 소득 불평등에 관한 그녀의 견해를 들었지만, 나는 A, B, C, D, E의 도표 중 하나를 고를 수 있을 뿐이었다. 그녀가 해준 말은 대체로 셈할 수는 없어도 꽤 중요했다.

후아니타는 또 다른 것도 가르쳐주었다. 그녀가 어떤 숫자를 말할지 내가 강한 영향력을 행사했다는 사실이다. 나는 행복이 중요하며 정량화할 수 있다고 미리 정해놓았다. 또한 도표를 사용하여 이 추상적인 질문들을 던지자는 발상을 내놓았다. 후아니타가 소득 불평등에 관해 뭔가를 말할 만큼 지적이지 않다고도 여겼다. 나, 나, 나, 결국은 나였다. 조사용 질문은 똑같아도 세계관이나 시각이 나와 다른 사람이라면 아마 다른 결론을 내놓았을 것이다. 숫자는 객관적이어야 하는데도 나는 숫자가 연구자와 밀접하게 관련되어 있음을 뼈저리게 깨달았다.

후아니타와 인터뷰를 마치고 나서 그녀의 데이터를 스프레드시트 80번 행에 다음과 같이 입력했다. 나이 58, 수입 200, 행복 1. 지난 여러 해 동안 내가 다운로드했던 다른 모든 스프레드시트처럼 깔끔하고 단정해 보였다. 하지만 문득 이런 생각이 뇌리를 스쳤다. 숫자들의 질서정연한 행과 열이 얼마나 우리를 진실에서 멀어지게 만드는가.

*

나는 갓난쟁이 때부터 숫자 마니아였다. 숫자 세는 법을 배우자마자 숫자 잇기 책들을 공략해나갔다. 가장 오래된 기억 중 하나는 독일의 슈바르츠발트에 놀러 갔을 때 일이다. 그때 시간 가는 줄도 모르고 숫자들을 연결하여 끝없이 눈사람들과 구름들을 만들어냈다. 몇 년 후에는 할머니가 디지털 자명종을 사줬다. 밤마다 나는 침대에 누워 LED가 반짝이는 시계를 보면서, 그 네 숫자를 이용해 만들어낼 수 있는 온갖 수치를 다 찾아보았다. 수학은 학교에서 내가 가장 좋아하는 과목이었고, 결국 나는 대학원에 가서 계량경제학으로 박사학위를 받았다. 경제 모형의 바탕이 되는 통계에 관해서도 많은 내용을 배웠다. 대부분 수치를 계산하고 분석하며 프로그램을 짜는 데 시간을 보냈다. 그러다 보니 어느새 나는 숫자들을 잇던 어린 시절에 했던 일을 다시 하고 있었다. 즉 패턴을 찾고 있었다.

숫자는 삶에서 다른 역할도 했다. 내가 도달한 수준을 알게 해준 것이다. 다섯 살부터 스물여섯 살 사이에 나는 초중등학교과 대학교에서 점수와 학점을 받았고 그 점수로 내가 잘하고 있는지를 가늠했다. 점수가 낮으면 진창에 빠진 기분이었고 점수가 높으면 하늘을 날 것 같았다. 배운 내용을 며칠 만에 잊어버려도 평균 성적만 좋다면 개의치 않았다. 학교 밖에서도 수가 나를 지배했다. 볼리비아에서 돌아와 몸무게를 재보았다. 56킬로그램이었다. 나는 의기양양했다. 체질량지수BMI가 18.3이었으니까.

숫자의 조종을 받는 사람은 나뿐만이 아니었다. 대학교의 동료들도 과학 학술지에 발표하는 논문의 수가 많아질수록 지위가 올라갔다. 내 어머니가 일하던 병원에서도 올해의 상위 100개 병원 순위 발표를 조마조마하게 기다렸다. 그리고 아버지는 예순다섯이 되던 날 은퇴를 해야 했다.

그런데 후아니타와의 대화가 수에 깃든 의미심장한 진실을 드러냈다. 내가 모은 수치들에 나 자신이 영향을 끼쳤듯이, 내 주위의 모두가 삶의 지침으로 사용하는 수치들에도 다른 누군가의 입김이 작용했다. 교사들이 계산한 시험 점수, 의사들이 계산한 최적의 BMI 수치, 정책입안자들이 계산한 적정 퇴직연령 등의 수치들도 (절댓값이 아니라) 전부 그걸 계산한 사람들한테서 영향을 받는다.

*

2014년 박사학위를 마친 뒤 나는 기자가 되기로 했다. 후아니타와 대화를 나누면서 숫자 너머에 있는 이야기가 숫자 자체보다 더 재미있다는 걸 알았기 때문이다. 그래서 네덜란드의 온라인 언론 플랫폼인 《코레스폰던트 De Correspondent》에서 수학 전문기자로 일하기 시작했다. 숫자가 어떻게 계산되는지 독자에게 설명하고 싶었고, 아울러 우리 사회에 갖는 중요성에 의문을 던지고 싶었다. 이제는 수의 지배를 멈추어야 하지 않을까?

이러한 생각은 곧 많은 호응을 얻었다. 독자들이 편향된 여론조사, 불확실한 과학 연구, 오해의 소지가 있는 그래프 등을 보내왔다. 그 수많은 오류 중 다수는 나도 박사 과정 연구에서 저지른 것들이었다. 학술회의에서 그리고 내 논문 심사 자리에서 분명하게 드러났듯이, 내 표본은 전체를 대표하지 않았고 나는 상관관계와 인과관계를 혼동했다. 그런데 기자가 세상을 해석하기 위해, 국회의원이 정책을 선택하기 위해, 의사가 건강에 관한 결정을 내리기 위해 사용하는 수치에도 똑같은 실수가 저질러지고 있었다. 실로 세상은 엉터리 숫자로 가득했다.

숫자에 관한 다른 종류의 보도들도 나를 괴롭혔다. 어떤 부모는 어린이집에서 만 한 살배기 아이의 성적표를 보내왔다고 하고, 어떤 경찰은 할당을 채우려고 벌금을 부과했으며, 어떤 우버 운전사는 평가 등급이 너무 낮아서 해고를 당했다고 한다.

연금 수령 나이에서 페이스북 조회수, GDP 그리고 급여에 이르기까지 숫자가 세상을 지배한다는 사실이 점점 더 분명해졌다. 게다가 숫자의 힘은 자꾸만 더 커지고 있는 듯하다. 빅데이터 알고리즘이 공공 및 민간 분야에서 급증하고 있다. 사람이 아니라 수학 모형들의 영향력이 점점 커지는 세상이다.

우리는 집단적으로 숫자에 중독되어 있는 것만 같다. 말은 나오는 즉시 비판을 받는 반면, 숫자는 별로 제지를 받지 않는다. 기자로 몇 년을 지내보니 숫자가 우리 삶에 너무 큰 영향을 끼친다는 결론을 내릴 수밖에 없었다. 숫자는 너무나 힘이 세졌기 때문에 이제 더 이상 수의 잘못된 사용을 간과해서는 안 된다. 숫자의 지배를 끝낼 때가 온 것이다.

*

하지만 나를 오해하지는 말기 바란다. 이 책은 숫자에 반대하는 책이 아니다. 숫자도 말처럼 그 자체로는 죄가 없다. 실수를 하는 쪽은 수가 아니라 사람이다. 《위험한 숫자들》은 사람에 관한 책이며, 사람들이 생각하는 과정의 실수, 사람들의 직감과 관심사에 관한 책이다. 이 책에서 우리는 다음과 같은 사람들을 만날 것이다. 통계자료에 인종차별주의를 심어놓는 심리학자, 엉터리로 데이터를 수집하는 세계적으로 유명한 성性과학자, 수치를 조작하여 수백만 명의 삶을 망가뜨리는 담배 제조업계의 거물 등 숫자를 만드는 사람들을.

또한 이 책은 우리, 즉 숫자 소비자에 관한 것이다. 우리는 숫자가 안내하는 올바른 길로도 그릇된 길로도 갈 수 있다. 숫자는 우리가 무엇을 마시고 먹는지, 어디에서 일하는지, 얼마를 버는지, 어디에서 사는지, 누구와 결혼할지, 누구에게 투표할지, 대출을 받을지 못 받을지, 보험료를 어떻게 낼지 등에 영향을 끼친다. 심지어 병이 들지 회복할지, 살지 죽을지 여부에도 영향을 끼친다. 우리는 선택의 여지가 없다. 숫자 마니아가 아니더라도 숫자에 삶을 지배당하고 있다.

이 책은 숫자의 세계에 관한 그릇된 신화를 폭로하여 모든 사람이 숫자가 언제 올바르게 사용되는지, 언제 그릇되게 사용되는지를 구별할 수 있게 해준다. 그리고 우리가 이런 질문을 할 수 있게 해준다. 숫자가 우리 삶에 어떤 역할을 해주면 좋을까?

숫자를 제자리에 되돌려놓을 때가 왔다. 단상 위나 쓰레기 더미와 함께인 자리가 아니라 원래 있어야 할 자리, 말과 나란히 있는 자리로 말이다. 그 지점에 도달하기 전에 먼저 처음으로 돌아갈 필요가 있다. 우리는 어디에서 그리고 언제부터 숫자에 집착하기 시작했을까? 이 질문의 답은 역사상 가장 유명한 간호사 플로렌스 나이팅게일Florence Nightingale이 해준다.

차례

새로운 사회를 맞이하여 수의 팬데믹 시대를 살아가는 사람들에게 005
머리말 숫자는 거짓말을 한다 016

1장 우리는 언제부터 숫자에 집착하기 시작했을까? 029

우리가 숫자에 열광하게 된 최초의 계기 034 | 표준화의 시작 037 | 수치를 대규모로 모으기 시작하다 042 | 수치를 분석하기 시작하다 044 | 직감, 오류, 이해관계 무너뜨리기 049

2장 만들어진 숫자들이 세상을 지배한다 055

"차라리 흑인이 똑똑하다는 걸 발견했더라면 저도 좋겠어요" 058 | 몇 가지 중요한 유의사항 061 | 다섯 가지 주관적 선택 064 | 그럼에도 숫자 덕분에 밝혀진 진실 088

3장 수상쩍은 렌즈를 통해 바라본 '성' 이야기 91

통계학자 세 명이 킨제이에게 묻다 098 | 잘못된 질문 100 | 조사에서 빠진 사람들 106 | 인터뷰 집단이 너무 소규모다 110 | 무작위 표본, 문제의 해결책인가? 112 | 참여하고 싶지 않은 사람들 116 | 오차범위를 간과하다 118 | 특별한 결과가 필요한 사람들 121

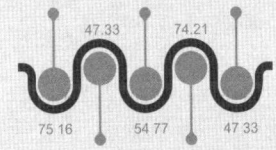

4장 흡연이 폐암을 일으킨다는 분명한 사실이 의심받은 이유 127

통계로 거짓말하기 131 | 히틀러가 수백만 명의 목숨을 구할 뻔했다? 146 | 가장 음흉한 마케팅 기법 148 | 우연의 일치, 빠진 요인 그리고 역인과관계 156 | 어디까지 알면 충분한가? 158 | 흡연 통계로 거짓말하는 법 163

5장 틀리지 않는 계산 기계는 없다 165

이 시대의 가장 위험한 발상 중 하나 169 | 알고리즘이란 도대체 무엇일까? 172 | 알고리즘의 위험한 활용 175 | 쓰레기가 들어가면 나오는 것은 쓰레기다 179 | 알고리즘도 혼동하는 상관관계 vs 인과관계 183 | 숫자가 오히려 진실을 바꾸어버렸다 189 | 수로 무엇을 얻길 원하는가? 193

6장 숫자 본능을 이기는 힘 199

틀린 연구 결과가 왜 계속 나올까? 202 | 좋지 않은데 좋게 느껴지는 해석 204 | 숫자를 보면 어떤 감정을 느끼는가? 207 | 제1원칙, 한번 더 살펴보라! 209 | 불확실성 인정하기 212 | 상충하는 이해관계가 있는지 살펴보자 215

맺음말 수를 원래 자리로 되돌려놓기 217
체크리스트 숫자를 의심하는 연습 222
주석 226
더 읽을거리 261

1장
우리는 언제부터 숫자에 집착하기 시작했을까?

가난과 범죄에 관한 수치, 주민등록 기관, 우리가 매일 신문에서 보는 평균값과 도표 등은 모두 채 200년도 안 된 19세기에 뿌리를 두고 있다. 하지만 이 모든 것은 난데없이 등장하지 않았다.

그녀는 살아 있는 해골들을 평생 잊지 못했을 것이다.[1] 썩은 목재 야전침대에 널브러져 있는 영국 군인들의 온몸에는 벌레들이 기어다녔다. 군인들은 차례차례 죽어갔다.

플로렌스 나이팅게일은 크림전쟁 동안 이런 군인들로 가득 찬, 실로 도살장을 방불케 하는 병원에서 일했다. 그 전쟁은 러시아와 영국, 프랑스, 사르디니아 그리고 터키 사이에 벌어졌다. 1854년 말에 나이팅게일은 오늘날 이스탄불의 동부에 해당하는 위스퀴다르Uskudar에 있는 군 병원의 간호 책임자로 일하고 있었다. 하지만 영국군의 의료체계가 매우 열악했던 탓에 간호업무 외에도 아주 많은 일을 해야 했다. 요리와 세탁은 물론이고 물자 조달 업무까지 맡았다. 어떤 날에는 꼼짝없이 스무 시간 동안 일하기도 했다. 병원에 들어간 지 몇 주 후에는 수북하게 많은 갈색 머리를 잘랐다. 긴 머리를 간수할 시간이 없어서였다. 입고 있던 검은 옷은 차츰 더러워졌다. 머리에 쓴 흰 보닛에는 구멍이 생겼다. 식사할 시간도 내기 어려웠지만, 음식을 씹는 와중에도 바깥세상에 보낼 편지를 썼다.

전부 군인들을 살리기 위한 일이었다.

그래봤자 역부족이었다. 너무 많은 목숨이 나이팅게일의 손을 비껴갔다. "우리는 하루 종일 시신을 묻고 있어요." 그녀가 영국 전쟁부 장관 시드니 허버트Sidney Herbert에게 보낸 수많은 절절한 편지 중 한 구절이다. 최악의 달이었던 1855년 2월에는 치료받던 군인들 중 절반 이상이 사망했다. 대다수는 부상 때문이 아니라 예방할 수 있었던 병 때문에 죽었다. 하수구가 꽉 막힌 탓에 병원 건물 아래의 땅은 거대한 오물통으로 변해 있었다. 배설물이 화장실에서 물탱크로 곧바로 흘러들어갔다. 그런 근본적인 문제부터 바꿔야 했다.

한편 영국에서는 크림전쟁에서 전세가 악화되자 기존 정권이 비판을 받고서 무너졌다. 새로 취임한 헨리 존 템플Henry John Temple 총리는 이전과 다른 조치를 취하기로 결정했다. 그는 위스퀴다르에서 죽어가는 많은 군인을 살리기 위해 '위생위원회Sanitary Commission'를 꾸렸고 마침내 1855년 3월 4일 나이팅게일이 위스퀴다르에 도착한 지 네 달 만에 도움의 손길이 도착했다.

위생위원회는 병원의 상황이 끔찍하다고 결론 내리고 시정에 나섰다. 먼저 스물다섯 구가 넘는 동물 사체를 병원에서 치웠다(그중에는 수도관을 막고 있던 심하게 부패된 말 사체도 있었다). 환기가 잘되도록 병원 지붕에 구멍을 뚫었고, 벽을 깨끗하게 흰색으로 칠했으며, 썩어가는 마룻바닥을 교체했다. 전쟁이 막바지로 치닫던 1856년이 되자 위스퀴다르에 있는 군 병원은 몰라보게 바뀌었다. 병원이 깨끗해지고 체계를 갖추자 사망률은 대폭 감소했다. 나이팅게일은 위생위원회와 함께 이런 탈바꿈에 결정적인 역할을 했다. 그녀의 로비가 없었다면 위원회는 결코 위스퀴다르에 오지 않았을 것이다. 영국으로 돌아온 후 나이팅게일은 온 국민의 '백의의 천사'로 영웅 대접을 받았다.

하지만 정작 나이팅게일은 실패했다고 여겼다. 그녀는 위스퀴다르를 떠난 후 일기에 이렇게 적었다. "아, 고통 속에 죽어간 가엾은 사람들. 당신들을 크림반도의 무덤에 눕혀놓고 나만 집으로 돌아오다니, 나는 아주 나쁜 엄마가 된 느낌이에요." 그녀는 억울하게 죽어간 사람들, 환자들로 차고 넘치는 병동, 벌레들이 들끓던 모습이 자꾸 떠올라 고통을 받았다. 위스퀴다르 병원의 상황은 나아졌을지 모르지만, 군대에서 아프고 다친 군인들을 돌보는 일은 여전히 끔찍하게 부적절한 방식으로 진행되었다.

나이팅게일은 개혁을 위해 싸우기로 결심했다. 자신의 경험, 인맥 그리고 새로 획득한 영웅적 지위를 이용하여 권력자들을 상대로 위생 개선에 적극 나서달라고 설득했다. 이 싸움에서 그녀는 예리한 무기를 사용했다. 바로 숫자다.

우리가 숫자에 열광하게 된 최초의 계기

플로렌스 나이팅게일은 1820년생으로 영국의 부유한 가정에서 자랐다. 아버지는 진보적인 성향이어서 여자도 남자처럼 교육을 받을 자격이 있다고 여겼다. 그래서 플로렌스 나이팅게일과 그녀의 언니 파르테노페 나이팅게일Parthenope Nightingale(둘의 이름은 출생지를 따라서 지었다)은 물리학, 이탈리아어, 철학, 화학을 배웠다.

나이팅게일은 수학도 배웠는데, 이 과목을 아주 잘했다. 어릴 때부터 셈하기와 분류하기에 매력을 느꼈고 일곱 살 때부터 쓴 편지를 보면 종종 목록과 도표가 실려 있었다. 그리고 다음과 같은 수수께끼가 실린 책을 아주 좋아했다. "세상에 이교도가 6억 명이라고 할 때, 2만 명당 한 명꼴로 선교사를 파견하려면 선교사가 몇 명이 필요할까?"

나이팅게일은 수에 관심의 끈을 놓지 않았다. 그리고 1856년에 국방장관이 크림반도의 상황을 물었을 때 그 기회를 놓치지 않았다. 2년 동안 850쪽에 달하는 보고서를 작성했는데, 거기에서 수를 이용하여 군대의 의료 활동에서 무엇이 잘못되고 있는지 보여주었다.[2] 그녀가 내린 가장 중요한 결론은 많은 군인이 환부 감염이나 전염성 질환 같은 예방 가능한 질병으로 죽는다는 것이었다. 심지어 평화로운 시기에도 영국 군인들(군 병원에서 치료받고 있는 군인들)의 사망자 수가 아픈 시민들보다 두 배나 많았다. 나이팅게일은 이것이 범죄 행위나 마찬가지라고 여겼다. "왜냐하면 솔즈베리 평원에 연간 1,100명을 데려가서 총살시키는 셈"이었으니까(영국의 솔즈베리 평원에는 군사훈련 시설이 많다 - 옮긴이).

이런 충격적인 결론을 내린 나이팅게일은 그 실상이 수백 쪽에 걸친 글과 통계수치에 묻혀버리지 않을까 걱정했다. 그래서 요점을 한눈에 파악할 수 있도록 통계수치들을 화려한 도표로 표현했다. 크림전쟁 중 2년 동안의 상황을 표현한 두 개의 그래프가 가장 유명한데, 이를 통해 매달 군인들이 무엇 때문에 죽었는지 적나라하게 드러났다. 바로 충분히 예방할 수 있었던 질병으로 죽었다고 말이다.

나이팅게일은 이 도표들을 유력 인사들에게 보냈다. 그중 한 명인 전직 국무장관 시드니 허버트는 당시 '군대 의료에 관한 왕립위원회 Royal Commission on the Health of the Army'를 이끌고 있었다. 또한 그녀는 언론에도 자료를 보내고는,[3] 작가 해리엇 마티노Harriet Martineau에게 개혁의 필요성을 널리 알릴 기사를 써달라고 부탁했다.[4]

마침내 나이팅게일은 수치로 정부를 설득하는 데 성공했고, 1880년대에 이르러서는 많은 문제가 해결되었다. 군인들은 잘 먹었고, 몸을 씻을 기회가 많아졌으며, 병영도 깨끗해졌다.[5] 상황이 어찌나 좋아졌는지 새로 지은 병원들은 너무 넓게 느껴질 정도였

나이팅게일이 영국군의 사망 원인과 사망자 수를 표시한 도표

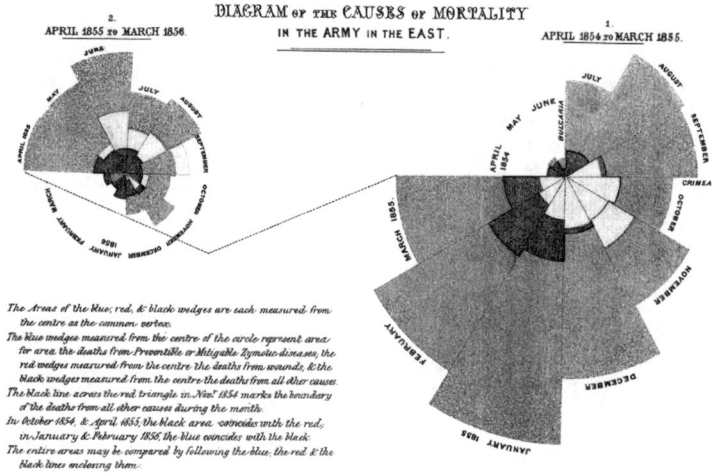

출처: Notes on Matters Affecting the Health, Efficiency, and Hospital Administration of the British Army (1858).

다. 나이팅게일은 "환자의 수가 너무 줄어서 그들(군 의료 부서)이 병원에 환자를 꽉꽉 채울 수 없게 되더라도, 그게 우리의 허물일 수는 없다"라고 비꼬듯 말했다.[6]

나이팅게일은 변화를 일으키기 위해 도표를 사용한 세계 최초의 인물들 중 한 명이었다.[7] 두말할 것 없이 그녀는 똑똑했고 성실했고 고집스러웠지만, 시대가 낳은 사람이기도 했다. 19세기는 역사상 최초로 통계가 광범위하게 사용되었는데, 그 결과는 오늘날까지 이어지고 있다. 그 세기에 국민국가가 출현했고 관료조직이 커지면서, 국민국가는 국민에게 더 많은 정보를 요구했다. 누가 죽었는지 누가 태어났는지 누가 누구랑 결혼했는지와 같은 정보가 사상 처음 대규모로 기록되었다.[8] 철학자 이언 해킹Ian Hacking은 이런 발전을 가리켜 "인쇄된 수들의 눈사태"라고 불렀고,[9] 기술정책 관련 전문가인 메그 레타 암브로스Meg Leta Ambrose는 "빅데이터의 첫 물결"이라고 했다.[10] 가난과 범죄에 관한 수치, 주민등록 기관, 우리가 매일 신문에서 보는 평균값과 도표 등은 모두 채 200년도 안 된 19세기에 뿌리를 두고 있다.

하지만 이 모든 것은 난데없이 등장하지 않았다. 나이팅게일을 비롯한 그 시대 사람들이 대규모로 수를 사용하기 시작한 (아울러 그럴 수 있었던) 까닭을 이해하려면, 역사를 더 깊이 파고들어야 한다. 19세기에 수에 열광하는 현상의 전조가 되었던 세 가지 중요한 발전을 살펴보자.

표준화의 시작

우리는 아득한 옛날부터 셈을 해왔다.[11] 인류가 적어놓은 기록 중 지금까지 내려오는 가장 오래된 것에는 수를 가리키는 기호가 들어 있다. 현재 이라크에 있는 고대도시인 우루크Uruk에서 발굴된 기원전 2400년에서 3000년쯤의 점토판에는 "29,086자루의 보리

37달 쿠심"이라고 쓰여 있다. 아마도 이 문구는 쿠심이라는 사람이 37개월 동안 30,000자루 남짓의 보리를 받았다는 뜻일 것이다.

역사가 유발 노아 하라리Yuval Noah Harari는 우리가 이름을 아는 최초의 사람이 위에 나온 쿠심일지 모른다고 썼다. "놀랍게도 역사에서 처음 기록된 이름은 예언자나 시인 또는 위대한 정복자라기보다 회계사에 가깝다." 그야말로 정곡을 찌르는 말인데, 왜냐하면 수야말로 사회 발전에 중대한 역할을 했기 때문이다.

수렵채집을 하던 고대에는 필요한 모든 정보를 기억해야 했을 것이다. 이를테면 어디에 먹잇감이 숨어 있는지, 어떤 과일에 독이 있는지, 누구를 믿을 수 있을지 등을 기억해야 했다. 작은 마을의 농부는 필요한 지식을 전부 머릿속에 저장했을 것이다. 하지만 농업혁명 이후로 사람들은 마을과 도시, 심지어 국가 차원에서 점점 더 대규모로 협력하기 시작했다. 경제는 복잡해졌고, 물물교환 대신에 화폐가 도입되었으며, 경제적 이해관계들로 이루어진 촘촘한 네트워크가 발전해갔다. 한 사람이 누구에게는 빚을 지고, 다른 누구에게는 받아야 할 돈이 있고, 또 다른 사람에게는 임대료를 내야 했다. 이런 식으로 기억해야 할 것이 몹시 많아지자, 이제 더 이상 모든 것을 기억할 수 없게 되었다.

많은 세금을 거두고 싶은 국가에게 이런 상황은 특별한 문젯거리였다. 모든 수입과 지출을 기록할 방법이 필요했던 관리는 그걸 적어두기로 했다. 합의사항을 적어두고(입법) 누가 무슨 일을 했다는 목록을 마련해두자(행정), 더 이상 정보를 기억할 필요가 없어졌다. 이처럼 적어놓은 기록의 상당수는 쿠심의 보리 기록처럼 숫자로 표현되어 있다.

최초의 수에 관한 중요한 사항은 인류가 수를 기록하기 시작했다는 사실뿐만 아니라 무엇을 기록했느냐 하는 것이다. 쿠심에 관한 기록인 '29,086자루'를 다시 살펴보자. 여기서 우리는 29,086이라는 숫자가 무슨 뜻인지뿐만 아니라, 자루라는 '측정 단위'가 무슨 뜻인지에 동의해야 한다.

역사의 거의 대부분 기간 동안 측정 단위에 대한 합의는 매우 지역적이어서[12] 지역마다 그곳에 적합한 그들만의 단위를 사용했다. 예를 들어 프랑스에서는 땅의 넓이를 비셰레bicherée(농부가 들판에 씨를 뿌리기 위해 필요한 곡물 바구니bichet의 수)나 주르날리에journalier(농부가 하루에 감당할 수 있는 땅의 넓이)로 측정했다[13] [영어에도 이런 전통적인 측정 방법의 흔적이 다음 표현에 남아 있다. a stone's throw(돌을 던져서 닿는 거리), within earshot(소리가 들리는 거리) 등이 그 예다]. 서로 다른 지역들이 동일한 측정 단위를 사용하더라도 그 의미는 매우 다를 수 있었다. 18세기에 프랑스의 프레시-수-틸Precy-sous-Thil 지역에서 쓰는 '1파인트pint'는 200킬로미터 떨어진 파리에서의 '1파인트'보다 세 배 넘게 많은 양이었다.[14] 18세기 프랑스에서는 길이와 무게의 측정 단위가 25만 가지나 존재했던 것으로 추산된다.[15]

언어가 다르면 서로 상대방의 말을 이해할 수 없듯이, 수치를 서로 다른 방식으로 사용하면 수에 관한 합의에 이를 수 없다.[16] 공통의 수 언어가 없으면 얼마나 위험할 수 있는지를 알려주는 사고가 1999년에 일어났다. 그해에는 화성기후궤도선 Mars Climate Orbiter이 화성에 도달할 예정이었다. 하지만 1999년 9월 23일에 이 탐사선이 레이더에서 사라졌고, 이후 다시는 찾지 못했다. 어떻게 된 일이었을까? 탐사선을 작동시키기 위해서는 두 개의 컴퓨터 프로그램이 서로 통신을 주고받아야 했다. 그런데 운동량의 단위로 하나는 미영 체계에 따라 '파운드힘/초(lbf/s)' 단위를, 다른 하나는 국제 표준인 '뉴턴/초(N/s)'를 사용했다. 이로 인해 통신 오류가 일어나 탐사선이 예정 위치에서 170킬로미터 낮은 지점에 접근하는 바람에 화성의 대기권 속에서 파괴된 듯하다.[17]

다행히도 오늘날에는 그런 문제가 드물다. 이제는 거의 모든 나라가 국제단위계 ISU를 사용하기 때문이다. 하지만 이런 변화가 일어나는 데는 사고는 물론이고, 심지어 혁명까지 필요했다. 프랑스혁명 후에 혁명가들은 지역적인 측정 단위들을 전부 버리기로 했다. 그들은 새로운 체계인 미터법을 제안했다. 미터와 킬로그램 같은 단위들은 당대 사상에 깔끔하게 들어맞았다. 무엇보다 그런 단

위들을 쓰면 국가를 운영하기가 수월했다.[18]

만약 거리를 측정할 때 저마다 다른 단위를 쓴다면 어떻게 한 나라가 세금을 거둘 수 있겠는가? 결국 해결책이 나온 셈이다. 시간이 걸리긴 했지만 마침내 미터법(나중에 국제단위계로 명칭이 바뀐다)이 프랑스에서 전 세계로 퍼져나갔다. 단 세 나라(미국, 라이베리아, 미얀마)만이 파운드나 마일 같은 다른 단위계를 공식적으로 사용한다.[19]

바로 이것이 나이팅게일의 사고방식을 뒷받침한 첫 번째 발전, 표준화 도입이다. 그 이후로 우리는 특정 개념을 측정하는 방식에 합의를 이루었다. 미터와 킬로그램은 시작일 뿐이었다. 반세기가 지난 나이팅게일 시대에는 수를 향한 갈망이 더 깊어졌다. 농촌에서 도시로 사람들이 대거 이주하자, 도시는 포화 상태가 되었고 가난, 범죄, 질병을 비롯한 온갖 문제가 불거졌다.[20] 이 문제들은 어디서 비롯되었을까? 정부 관련자든 아니든 많은 사람이 그런 질문을 던지기 시작했다.

문제의 심각성을 측정하려면 다음 질문처럼 명확한 범주를 고안해야 했다. 즉 어떤 경우에 누군가를 가난하거나 범죄자이거나 아프다고 할 수 있는가? 플로렌스 나이팅게일의 보고서 작성을 도왔던 유명한 통계학자 윌리엄 파William Farr는 동료들과 함께 알려진 질병들의 목록을 내놓았는데, 나중에 세계보건기구WHO가 이 목록을 채택했다. 그리고 나이팅게일은 도표에 이 목록을 이용하여 몇 명이 (1) 예방 가능한 질병으로 (2) 전투 중의 부상으로 (3) 기타 다른 원인으로 사망했는지를 보여주었다.

겉으로 보면 '질병'이나 '사망 원인'과 같은 개념의 정의는 수와 관계가 없는 듯하지만, 천만의 말씀이다. 명확한 개념 정의가 있어야 무언가를 정량화할 수 있다. 철학자 이언 해킹의 말을 빌리자면, "셈하기는 범주에 굶주려 있다".[21]

표준화 덕분에 이제는 서로 똑같은 수 언어로 말할 수 있게 되었다. 오늘날 전 세계 사람들은 미터와 킬로그램, GDP와 IQ, 이산화탄소 방출과 기가바이트를 말한다. 따라서 세상에서 가장 널리 쓰이는 언어는 중국어도 영어도 에스파냐어도 아니고 수다.[22] 이 수 언어야말로 그다음의 발전을 가능하게 만들었다. 바로 수를 대규모로 모으기 시작한 것이다.

수치를 대규모로 모으기 시작하다

쿠심의 점토판에서 보았듯이, 수는 수천 년 동안 수집되고 기록되었다. 하지만 쿠심의 경우는 소규모 측정이었다(역사학자들은 그가 맥주 재료 창고의 담당자였을지 모른다고 여긴다).[23] 이후 수천 년 동안 정부는 수를 대규모로 모으기 시작했다. 서구문화에서 가장 유명한 이야기 중 하나인 예수 그리스도의 탄생은 만약 로마인들이 자신들의 제국에 몇 명이 사는지 알고 싶어하지 않았다면 베들레헴에서 일어나지 않았을 것이다(로마는 사람들을 자기 고향에서 인구조사 받게 했다. 그래서 마리아는 집인 갈릴리에서 고향인 예루살렘으로 가는 길에 출산하게 된다 - 옮긴이). 고대 이집트부터 잉카제국까지, 중국 한나라에서 중세 유럽까지 역사는 그런 인구조사 이야기로 가득하다.[24]

1085년에 정복자 윌리엄 1세William I는 인구조사에서 한 걸음 더 나아갔다. 그는 영국에 사는 모든 국민의 재산을 파악하고 싶었다. 그의 지시로 작성된 《둠스데이 북The Domesday Book》에는 잉글랜드와 웨일스 13,000곳 이상의 데이터가 남겼다. 각 장소마다 관리들이 찾아가서 지역당 10,000가지가 넘는 사실, 이를테면 영지의 소유자, 영지에서 일하는 농노들의 수, 방앗간과 양어장의 수 등을 적었다.[25] 이런 일에 시간이 얼마나 많이 들었을지 지금으로서는 가늠하기조차 어렵다.

수백 년 동안 《둠스데이 북》에 담긴 데이터 수집의 규모를 능가하는 사례는 없었다. 19세기가 되기 전까지는 활용할 수 있는 데이터의 양이 기하급수적으로 늘어나지 않았다.[26] 19세기에 이르자 수를 수집하기 위한 여러 기관이 설립되었다. 국가가 직접 나선 경우도 종종 있었다('통계statistics'와 '국가state'의 어원은 모두 국가를 뜻하는 라틴어 status다). 1836년 잉글랜드와 웨일스를 위한 일반등록사무소The General Register Office for England and Wales가 설립되었는데, 출생과 사망을 등록하는 그곳에서 인구조사를 시행했다.[27] 정부 외의 조직들도 수를 모으기 시작했다. 영국 동인도회사는 약 2,500명의 피고용인들을 상대로 누가 아픈지, 누가 죽었는지 그리고 누가 회사에 더 이상 고용되어 있지 않은지 기록했다.[28]

19세기 중반에 나이팅게일이 군대 의료 환경의 개선을 염원했던 것은 시대정신과 맞았다. 그녀 주위에서 온통 수가 수집되고 있었기 때문이다. 하지만 진정한 변화가 생기려면 한 가지 발전이 더 필요했다. 수를 산더미처럼 모으는 것과 그렇게 모은 수를 이해하는 것은 별개였다.

수치를 분석하기 시작하다

요즘에는 뉴스 기사를 열 때마다 도표와 마주친다. 하지만 수치를 이미지로 표현한다는 개념은 비교적 새로운 것이다. 막대도표와 선도표는 18세기 말에야 윌리엄 플레이페어William Playfair가 발명했다. 나이팅게일은 많은 수를 한눈에 설명할 수 있는 도표를 이용한 덕분에 군대 의료가 처한 암울한 상황에 세간의 관심을 주목시킬 수 있었다.

19세기 초반이 되면서 더더욱 많은 수가 모이자, 수집된 수를 분석할 필요 또한 커졌다. 도표와 함께 '평균'도 흔히 사용되었다. 나이팅게일은 두툼한 보고서를 작성할 때 이 방법을 광범위하게 사용했는데, 이를테면 크림전쟁 동안 매달 평균 환자 수를 계산했다.

오늘날 '평균'은 대단히 낯익지만, 나이팅게일 시대만 해도 새로운 개념이었다. 적어도 사람들에 관한 데이터에서는 그랬다. 사실 평균은 16세기 말부터 천문학자들이 사용해오고 있었다. 19세기에 아돌프 케틀레Adolphe Quetelet는 평균을 천체가 아닌 인간에게 적용하면 어떻게 될까 하고 생각했다.[29] 이 벨기에 천문학자가 바로 플로렌스 나이팅게일의 우상 중 한 명이었다. 나이팅게일은 케틀레를 '통계의 창시자'라고 불렀다.[30] 케틀레는 젊은 시절 한때 브뤼셀천문대의 소장을 맡았지만, 천문대는 1830년 벨기에혁명(벨기에가 네덜란드 연합왕국으로부터 독립한 전쟁 – 옮긴이) 동안에 자유의 투사들의 손에 무너지고 말았다.[31] 이 사건을 겪고서 케틀레는 이런 궁금증이 들었다. 왜 사람들은 어떠한 행동을 할까? 겉으로만 보면 사회는 혼돈의 수렁이었다. 조국 벨기에의 상황을 보아도 그 점은 명백했다. 하지만 케틀레가 보기에 인간의 행동에는 패턴이 있어야 했다.

그래서 케틀레는 혁신적인 개념을 하나 내놓았다. 바로 평균인 l'homme moyen이다.³² 그는 키, 몸무게, 범죄성, 교육, 자살 등에 관한 평균을 미친 듯이 계산했고, 케틀레지수Quetelet Index를 고안해냈다. 오늘날에는 체질량지수라고 더 잘 알려진 이것은 어떤 이의 몸무게가 정상 범위에 있는지 여부를 나타내는 측정값이다. 의사, 보험회사, 영양사는 지금도 이 측정값을 사용하여 어떤 이가 건강한 몸인지를 판단한다.

도표와 평균의 뒤를 이어 19세기가 끝나갈 무렵에는 수를 분석하는 더 복잡한 방법들이 쏟아졌다. 역사학자 스티븐 스티글러 Stephen Stigler는 1890년부터 1940년 사이의 기간을 '통계학의 계몽기'라고 지정했다.³³ 당시 과학자들은 수의 패턴을 찾는 독창적인 방법들을 고안했는데, 상관관계를 알아내고 실험을 설계하는 것 등이 그런 예다.

슬프게도 플로렌스 나이팅게일은 1910년에 세상을 떠나는 바람에 그런 발전을 제대로 보지 못했다. 하지만 그녀의 수 다루기는 혁신이었다. 크림전쟁이 끝나고 거의 한 세기가 지나서 한 스코틀랜드 의사가 나이팅게일의 뒤를 이어 수가 사람의 목숨을 살릴 수 있음을 다시 한번 보여주었다.

1941년 8월, 전쟁포로 아치 코크런Archie Cochrane은 자신의 비밀 실험에 관해 독일인들에게 말할 준비가 되어 있었다.³⁴ 이 스코틀랜드 의사는 붉은빛이 도는 덥수룩한 턱수염과 수척한 얼굴 때문에 분명 거칠어 보였을 것이다. 카키색 반바지 밑으로 드러난 그의 무릎은 체액이 가득 차서 부풀어 있었다.

무릎이 부푼 군인은 그만이 아니었다. 그리스의 살로니카(테살로니키)에 있는 다른 전쟁포로들도 차례차례 부종을 앓기 시작했다. 독일인들에 의해 포로수용소의 주임 의사로 임명된 코크런은 매일 스무 명의 환자가 늘어났다고 보고했다. 심지어 실제 수치보다 조금 낮춰 보고하기도 했는데, 동료들한테 필요 이상으로 겁을 주지 않기 위해서였다. 하지만 끝내 진실을 알려야 할 때가 오고 말았다. 그는 환자들의 목숨을 구하는 일에 협조해달라고 독일인들한테 부탁하기로 했다. 그렇다고 해서 독일인들에게 크게 기대하지는 않았다. 그즈음에도 보초 한 명이 화장실에 수류탄을 던져넣었는데, 그 이유가 수상한 웃음소리를 들었기 때문이라나.

코크런은 부종이 성행하는 이유로 짚이는 것이 있었다. 습성각기병은 비타민B 부족 때문에 생기는 병이다. 그는 자신의 영웅인 제임스 린드James Lind가 거의 200년 전에 했던 사례를 따르기로 했다. 1747년 해군 의사인 린드는 역사상 최초의 임상실험을 실시했다. 괴혈병을 앓는 선원 열두 명을 두 명씩 여러 집단으로 나누고서 집단별로 다른 식단을 제공했다. 한 쌍에게는 매일 식초 여섯 숟가락을 주고, 다른 쌍에게는 250밀리리터의 바닷물을 주고, 또 다른 쌍에게는 오렌지 여러 개와 레몬 하나를 주는 식이었다. 실험 결과 린드는 패턴을 발견했다. 오렌지와 레몬을 먹은 선원들은 며칠 만에 병이 상당히 나았던 것이다. 그리하여 오늘날에는 잘 알려져 있듯이 괴혈병은 비타민C를 충분히 먹으면 예방할 수 있다는 사실을 발견했다.[35]

테살로니키에서 코크런은 스무 명의 환자를 두 집단으로 나누었다. 한 집단은 그가 암시장에서 어렵사리 구입한 효모 보충제, 즉 비타민B 공급원을 하루에 세 번 받았고, 두 번째 집단에 속한 환자들은 응급 의약품 중 하나인 비타민C 알약을 받았다.[36] 환자들 중 누구도 자신이 실험에 참가하고 있다는 사실을 몰랐다.

첫째 날 아침 그는 환자들이 얼마나 자주 오줌을 누는지 적었다. 두 집단 간에 차이가 없었다. 둘째 날에도 차이가 없었다. 하지만 셋째 날에 효모 집단의 소변 횟수가 약간 많아졌다. 넷째 날이 되자 코크런은 효모 보충제를 받은 사람들의 몸속에 체액이 더 적고 그들이 오줌을 더 많이 눈다는 사실을 보고는 자신의 가설을 확신했다. 게다가 효모 집단 열 명 중 여덟 명이 몸 상태가 나아졌다고 말한 반면에, 다른 집단은 여전히 몸이 안 좋았다.

이제 코크런은 그 모든 내용을 깔끔하게 기록한 공책을 들고서 독일인들 앞에 섰다. 그는 무언가 조치를 취해달라고 부탁했다. 그러지 않으면 절박한 상황이 닥칠 터였다.[37] 뜻밖에도 독일인들은 그의 이야기에 감동을 받은 듯했다. 한 젊은 독일 의사가 그에게 무엇이 필요한지 물었다. 코크런은 "많은 효모를 즉시"라고 대답했다. 이튿날 대량의 효모가 수용소에 도착했다. 그리고 한 달 만에 부종을 앓는 환자들은 거의 없어졌다.

직감, 오류, 이해관계 무너뜨리기

코크런의 임상실험은 수를 분석하는 새로운 방법에 관한 이야기만이 아니다. 수의 설득력에 관한 이야기이기도 하다. 코크런은 적군인 독일인을 자기 편으로 만드는 데 성공했다. 수에는 도대체 어떤 힘이 있기에 우리는 말보다 수를 더 확신할까? 코크런 인생의 또다른 사건이 이 질문에 답을 줄지 모른다.[38]

전쟁이 끝나고 영국으로 돌아오자 코크런은 통계 기반의 의료 연구를 옹호하기 시작했다. 포로수용소에서 그가 실시했던 종류의 의료 실험은 당시로선 드문 일이었다.

1960년대 영국에서는 아주 비싼 심장동맥질환 집중치료실이 여러 군데 지어졌다. 당시로서는 필연적인 조치였다. 심장에 문제가 있는 환자들은 심부전을 막기 위해 주의 깊은 모니터링이 필요했다. 하지만 철저한 회의론자인 코크런은 그런 접근법에 의구심이

들었다. 코크런의 주장에 따르면, 그런 치료실의 부가가치를 제대로 알고 싶다면 임상실험을 실시해야 했다. 무작위로 고른 환자들 중 한 집단은 집에 보내고 다른 집단은 집중치료실에 남겨두어야 한다는 것이었다.

코크런은 런던의 윤리위원회로부터 사람 목숨을 갖고 장난을 친다며 거센 비판을 받았지만 천만다행으로 윤리위원회 회장에게 그 연구의 가치를 납득시켰다. 하지만 코크런이 카디프에 있는 자신의 병원으로 돌아왔을 때, 동료 의사들은 임상실험에 협력하기를 거부했다. 그들은 환자를 치료할 방법을 자기들이 결정하겠다며 고집을 부렸다. 코크런은 환자들에게 무엇이 최상인지 안다고 생각하다니 얼마나 교만한 짓이냐며 격분했다. 당시에 의학은 '증거 기반'보다 '명성 기반'이었다.[39] 의료 행위가 과학적 근거보다 의사의 명성에 더 좌우되었던 것이다.

다행히 브리스톨에 있는 코크런의 동료 연구자가 자기 병원에서 그 실험을 실시했다. 여섯 달 후 두 의사는 연구 결과를 갖고 위원회를 찾았다. 이 결과에 따르면 집중치료실은 실적이 조금 낫긴 했지만, 그 차이는 통계적으로 무의미했다. 하지만 위원들(여섯 달 전에 코크런의 제안을 거부했던 이들)은 그 수치를 보고서 분개했다. 위원들 중 한 명이 이런 반응을 내놓았다. "코크런 선생, 아무리 보아도 당신은 비윤리적이네요. 임상실험을 당장 그만두세요."

코크런은 위원들이 꾸짖기를 그만둘 때까지 가만히 기다렸다. 위원들이 말을 마치자, 그는 미안하다는 말과 함께 자기가 일부러 틀린 결과를 보여주었노라고 털어놓았다. 그러고 나서 진짜 결과가 담긴 보고서를 내밀었다. 수치는 똑같았지만 집단이 정반대였다. 집에 보낸 환자들이 집중치료실에 남은 환자들보다 상태가 조금 더 좋았다. 그는 이렇게 제안했다. "심장동맥질환 집중치료실을 닫아야 하지 않겠습니까?"

이 이야기에서 알 수 있듯이, 코크런은 연구자로서 다음과 같은 장애물들을 극복해야 했다. 첫째는 정서적인 장벽이다. 의사들은 환자를 병원에 두는 편이 더 안전하다고 여겼다. 그다음으로 위원회는 정보를 자신들의 확신에 들어맞게끔 해석함으로써 그릇된 추론을 내놓았다.[40] 마지막으로 기득권이 판단에 영향을 끼쳤다. 비싼 심장동맥질환 집중치료실을 연 것이 틀린 결정으로 드러난다면 위원으로서의 명예가 실추될 수 있기 때문이다.

수는 직감, 오류, 이해관계라는 세 가지 장애물을 무너뜨리는 데 성공했다. 말은 편견에 의해 쉽게 좌지우지될 수 있지만, 수는 진실을 공평하게 표현할 수 있다. 다시 말해 수는 당연히 객관적인 것처럼 보인다. 그러니 수가 우리 사회를 지배한다는 것도 놀랍지 않다.

코크런이 세상을 떠난 지 5년 뒤인 1993년에 의료 전문가들과 통계학자들의 전 세계적인 네트워크인 코크런연합Cochrane

Collaboration(지금은 그냥 '코크런')이 설립되었다. 코크런연합은 의학의 거의 모든 연구 분야에서 과학적 증거를 수집한다.《코크런 리뷰Cochrane Reviews》는 오늘날 증거 기반 의학의 가장 중요한 출처로 통한다.

코크런이 의학에서 통계를 더 많이 사용하자고 주창한 덕분에 많은 생명을 구할 수 있었다. 1989년대에 실시된 '부정맥 억제 연구Cardiac Arrhythmia Suppression Trial, CAST'를 예로 들어보자. 당시 의사들은 심장마비를 겪은 환자들에게 부정맥을 예방하기 위한 약을 주었다. 매우 논리적인 처방인 것 같았다. 불규칙한 심장박동은 갑작스러운 사망을 초래하는 경향이 있기 때문에 억제해야 했다. 하지만 환자 1,700명을 대상으로 한 CAST 연구에 따르면, 약 복용 후 사망 확률이 낮아지기는커녕 더 높아졌다.[41]

코크런의 이야기는 나이팅게일의 이야기처럼 숫자의 가장 위대한 측면을 보여준다. 숫자는 생명을 살려낼 수 있다. 하지만 수가 매우 중요한 또 하나의 이유가 있다. 숫자는 권력자들을 견제하는 데 도움이 된다. 역사상 숫자에 간섭한 정치인들이 많았던 데에는 그만한 이유가 있다. 아르헨티나에서는 오랜 세월 동안 정부가 인플레이션 비율을 조작하도록 지시했다.[42] 영국 총리 보리스 존슨Boris Johnson은 브렉시트와 관련해 잘못된 수치를 사용했다며 통계학자들에게 여러 차례 호된 비판을 당했다.[43] 그리고 스탈린은 통계학자를 죽이기까지 했는데, 이유는 자기가 주장한 것보다 소련 인구가 적다고 말했기 때문이다.[44] 독립적인 통계기관은 정치인들이 사된 이익을 위해 숫자를 이용하지 못하게 막을 수 있는데, 그렇게 해야 진실이 드러난다.

숫자는 부정적인 측면도 있다. 숫자는 삶의 질을 향상시킬 수도 있지만 파괴할 수도 있다. 숫자를 대규모로 사용하기 위해 가장 중요한 세 가지 개념(표준화, 수집, 분석)은 틀릴 수 없는 것이 아니다. 때로는 틀리기도, 단단히 틀리기도 한다.

2장
만들어진 숫자들이 세상을 지배한다

19세기부터 다양한 유형의 수가 등장하기 시작했다. 경제, 범죄, 교육과 같은 추상적 개념에 관한 수들이 그것이다. 하지만 이런 개념들을 우리가 만들어냈다는 사실을 잊고서, 그런 개념이 확고하게 자리잡힌 것이라고 여길 때 위험이 초래된다.

1차 세계대전 동안 175만 명의 미군 신병이 지능검사를 받았다.[1] 이 검사를 고안한 사람은 하버드대학교의 심리학자 로버트 여키스Robert Yerkes다. 그의 생각에 심리학은 물리학만큼 엄밀한 과학이 될 잠재력이 있었다. 하지만 우선 그와 동료 심리학자들은 데이터를 수집해야 했다.

여키스의 아이디어는 숫자를 향한 19세기의 열광이 이루어낸 논리적 귀결이었다. 그 무렵에 거리와 무게의 단위가 표준화되었을 뿐만 아니라, 과학자가 범죄나 가난 같은 추상적인 사안들을 측정하는 법도 고안했기 때문이다.

이제 '지능'을 측정할 때였다. 동료들과 함께 여키스는 대규모로 실시할 수 있는 최초의 지능검사를 고안했다. 그리하여 1917년에 역사적 규모의 지능검사 연구가 실시되었다. 미국 전역에서 징집된 신병들은 지능을 측정하기 위한 설문지 한 뭉치를 받았다.

여키스가 데이터를 수집하여 분석해내자 군인들의 참담한 실상이 드러났다.[2] 백인 미국인들은 정신 연령이 13세였고, 동유럽과

남유럽에서 온 이민자들은 점수가 훨씬 더 낮았다. 그리고 맨 아래 (정신 연령 10.4세)에 흑인들이 있었다.

"차라리 흑인이 똑똑하다는 걸 발견했더라면 저도 좋겠어요"

오늘날 로버트 여키스가 누군지 아는 사람은 별로 없지만, 흑인의 IQ는 여전히 뜨거운 논쟁거리다. 블로거이자 자유주의자인 예르나츠 라마우타르싱Yernaz Ramautarsing은 네덜란드 뉴스 웹사이트 《브란트퓐트+Brandpunt+》와의 인터뷰에서 "나라마다 IQ 점수에 차이가 있다"라고 말했다.³ "차라리 흑인이 아주 똑똑하다는 걸 발견했더라면 저도 정말 좋겠어요. (…) 하지만 그게 사실은 아니죠." 이 말은 2년 후에 그가 암스테르담의 지방선거에 출마하겠다고 발표을 때 크나큰 분노를 불러일으켰다.

라마우타르싱이 그런 주장을 하는 유일한 인물은 결코 아니다.⁴ 여키스의 지능검사 이후 20~30년마다 지능과 피부색에 관한 논란이 불거졌다. 이를테면 1969년에 교육심리학자 아서 젠슨Arthur Jensen이 백인과 흑인의 IQ 점수 차이가 유전적 차이의 결과라고 주장하자 지구촌이 논란으로 휩싸였다.⁵ 1994년에는 정치학자 찰스 머레이Charles Murray와 심리학자 리처드 헌스타인Richard Herrnstein이 《종형 곡선The Bell Curve》을 발간했다. 이 책에서 두 저자는 평균적으로 아프리카계 미국인은 백인 미국인보다 IQ 점수가 낮으며, IQ 점수가 낮은 여성들은 출산을 억제해야 한다고 주장했다.[6]

2014년에는 또 다른 논쟁이 벌어졌다. 《뉴욕타임스The New York Times》 기자 니컬러스 웨이드Nicholas Wade가 출간한 《골치 아픈 유산A Troublesome Inheritance》이 베스트셀러가 됐다. 이 책에서 저자는 상이한 '인종들'은 진화의 결과이며, 그로 인해 지능을 비롯한 여러 특성이 다양한 수준에 걸쳐 다르게 나타난다고 주장한다.[7]

이런 주장들은 세상에 엄청난 영향을 끼칠 수 있는데, 그 단초가 된 여키스의 지능검사의 실상을 파헤쳐보자. 그의 연구는 그다지 엄밀하게 실시되지 않았다. 175만 명의 신병에게 지능검사를 실시하기란 여간 벅찬 프로젝트가 아닐 수 없다. 따라서 수치들은 사실 수박 겉 핥기로 다급하게 수집되었다. 스티븐 제이 굴드Stephen Jay Gould는 《인간에 대한 오해The Mismeasure of Man》에서 신병들이 지능검사를 치렀던 실내는 가구가 없었고 조명이 나빴으며 너무 혼잡해서 뒤쪽에서는 실험 진행자의 말소리를 알아들을 수 없었다고 말한다. 일부 군인들은 미국에 막 이주했던 터라 무슨 말인지 알아듣지를 못했다. 다른 군인들도 영어를 말할 줄은 알았지만 읽거나 쓰지는 못했다. 난생처음 연필을 쥐어보고는 정육면체를 몇 개 세었는지 또는 다음 칸에 어떤 기호가 나와야 할지 적어야 했던 군인도 있었다.[8] 더군다나 시간 압박도 있었다. 다음 차례에 시험을 볼 사람들이 복도에서 대기하고 있었기 때문이다.

이 정도면 지능검사 수치를 너무 진지하게 여기지 않아도 될 이유가 충분해 보인다. 그런데 정반대 반응이 일어났다! 어떤 집단이 지능이 떨어진다는 여키스의 결론은 당시에 이미 유행하던 인식에 과학적인 광택을 보탰다. 그 무렵 "인류를 향상시키겠노라"라고 천명한 과학인 우생학이 1차 세계대전 후 북미와 유럽에서 대유행하고 있었다. 여키스의 수치는 미국의 이민정책에 관한 의회 토론에서 거듭하여 사용되었다. 정치인들은 지능검사에서 나쁜 성적을 받은 신병 집단(남유럽인과 동유럽인)을 배제해야 한다고 여겼다. 얼마 지나지 않아 이 집단들에게는 인원 할당이 도입되었는데,[9] 그 결과 1924년에서 2차 세계대전 사이의 기간 동안 수백만 명이 미국 국경을 넘지 못했다.[10] 인원 할당 때문에 유대인을 포함해 어려운 처지의 난민들이 입국을 거부당했기 때문이다.

지능 수치는 아주 과격한 강제불임수술 법률을 정당화하는 데에도 쓰였다. 1927년 미국에서는 사람을 강제로 불임 상태로 만드는 것이 합법화되었다. 미국 대법원은 "3대에 걸친 정박아들만으로 충분하지, 더 이상은 안 된다"라고 판단했다. 수만 명의 미국인이 강제로 불임이 되고 나서 1978년에 이르러서야 그 관행은 불법

이 되었다.[11]

　이만하면 도저히 분개하지 않을 수 없다. 하지만 지능검사가 역겨운 결과를 초래했다고 해서 검사 결과가 틀렸다는 뜻은 아니다. 오늘날의 검사를 보아도 여키스의 결론은 여전히 유효하다. 평균적으로 검은색 피부를 지닌 사람들은 지능검사 점수가 낮다.

　그렇다고 피부색과 IQ에 관한 주장들이 옳다는 뜻일까? 라마우 타르싱이 옳을까? 절대 아니다. IQ와 피부색에 관한 논의는 수를 오용한 가장 추악한 사례들 중 하나다.

몇 가지 중요한 유의사항

　이런 질문에 답해보자. 한 집단의 IQ 점수가 다른 집단보다 낮다는 말은 과연 어떤 뜻일까? 첫째, 피부색과 IQ에 관한 주장은 종종 미국에서 나온 표본에 근거한다. 따라서 모든 흑인이 지능검사 점수가 낮다는 건 틀린 말이다. 표본에 속한 흑인 미국인들만이 백인 미국인들보다 점수가 낮았으니 말이다.

　이에 관해서도 짚어보아야 할 것이 꽤 많다. 지능과 피부색에 관한 주장은 언제나 평균을 다룬다. 한 집단의 평균이 다른 집단의 평균보다 낮다는 식이다. 그런데 두 평균 뒤에 점수들의 전체 범위가 놓여 있다. 이를테면 스펙트럼의 제일 위에 흑인 미국인도 있고, 제일 아래에 백인 미국인도 있다. 많이 사용되는 웩슬러Wechsler지능검사의 점수들을 보면 두 집단이 상당히 많이 겹친다(아래 그림 참고). 웩슬러지능검사 점수에 따르면 많은 흑인 미국인이 평균적인 백인 미국인보다 더 지능이 높다. 이렇게 말할 수도 있다. 많은 백인 미국인이 평균적인 흑인 미국인보다 점수가 낮다. 즉 이런 종류의 평균은 개개인의 점수와는 거의 무관하다.

중요한 질문이 하나 더 있다. '흑인'과 '백인'을 나누는 기준은 과연 무엇인가? 연구에서 이 구분은 종종 사람들이 자신의 정체성

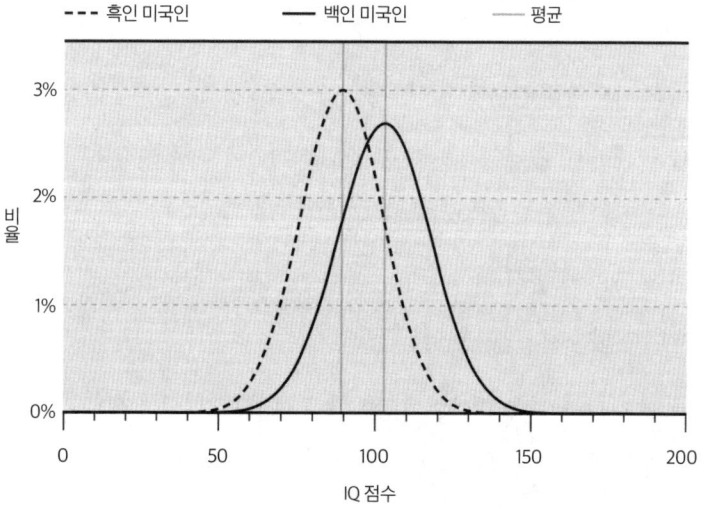

출처: William Dickens and James Flynn (2006)[12]

을 어떻게 여기는지에 바탕을 두고 있다. 하지만 이 구분은 결코 확정적이지 않다. 미국에서 이탈리아인들은 비백인이라고 여겨지고,[13] 브라질에서는 유럽인이 아니면 흑인이며,[14] 2010년 인구총조사에서 수백만 명의 미국인은 2000년과 비교하면 다른 범주에 속했다.[15] 달리 말해서 어느 범주에 속하는지는 피부색만큼이나 시간과 장소에 따라 결정된다. 피부색과 지능에 관한 난감한 결론을 다룰 때 위에서 나온 주의할 점들(데이터의 출처, 평균의 한계 그리고 '흑인'과 '백인'의 의미)을 꼭 염두에 두어야 하는 이유다.

모든 사람이 백만장자가 될 때

평균에는 또 한 가지 주목할 점이 있다. 이상치outlier가 엄청난 영향을 줄 수 있다는 점이다. IQ에서는 문젯거리가 아닌데, 평균의 왼쪽에 있는 사람들의 수와 오른쪽에 있는 사람들의 수가 엇비슷할 정도로 점수가 꽤 고르게 분포되어 있기 때문이다.[16]

하지만 소득을 예로 들어보자. 2016년 네덜란드의 경우 약 730만 명(소득을 벌어들이는 사람들의 절반 이상)의 1년 총소득이 30,000유로 아래였지만, 50만 명 이상의 1년 총소득은 100,000유로를 넘었다.[17] 이 고

> 소득자 집단은 평균을 훌쩍 뛰어넘는다. 통계학자들의 오래된 농담처럼, 빌 게이츠가 버스에 타면 평균적으로 모든 승객이 백만장자가 되고 만다.
> 　이상치 효과 때문에 '최빈(가장 흔한) 소득modal income'이라는 개념도 종종 쓰인다. '소득 중간값median income'이라는 용어도 이상치 효과를 피하기 위해 사용된다. 전체 인구를 저소득자부터 고소득자까지 줄지어 세울 때, 소득 중간값은 줄의 정가운데에 있는 사람의 소득이다.

다섯 가지 주관적 선택

이제 100만 달러짜리 질문을 던질 때다. IQ는 무엇을 측정한 값일까? 앞에서 보았듯이 표준화, 수집, 분석은 숫자를 널리 쓰이게 만드는 데 가장 중요한 역할을 했다. 이 개념들은 연구자들이 숫자를 다룰 때 취하는 세 가지 단계이기도 하다.

　첫 번째 단계(표준화)는 IQ를 이야기할 때 중요한 역할을 한다. 지능과 같은 추상적인 개념을 표준화하기 위해 연구자들은 늘 선택을 해야 한다. 숫자는 객관적이라고들 여기지만, 의외로 그 이면에는 주관적인 결정이 뒤따른다. 지능검사에 관여했던 최초의 과학자를 예로 들어보자. 그들은 객관성과는 거리가 먼 다섯 가지 선택을 했다.

1. 측정하는 대상은 만들어낸 실체다

로버트 여키스의 검사는 지능검사의 시조인 알프레드 비네Alfred Binet가 고안한 검사에서 영감을 받았다.[18] 만약 지능검사의 결과가 차별에 이용되는 사실을 안다면 이 프랑스인은 무덤에서 통곡을 할 것이다. 1904년 비네가 제자인 테오도르 시몽Theodore Simon의 도움을 받아 지능을 측정했을 때만 해도 전혀 다른 목적을 염두에 두었다. 바로 어린이들을 돕자는 것이었다. 비네는 프랑스 교육부 장관에게서 어떤 어린이에게 특수한 교육을 시킬지 결정하는 방법을 개발해달라는 의뢰를 받았다.

이전에 비네는 이미 사용 중이던 두개골측정법craniometry을 사용해 지능을 재려고 한 적이 있었다. 이 방법의 기본 개념은 두개골의 크기로 어떤 이의 지능을 알 수 있다는 것이었다. 하지만 비네가 줄자로 재보니, 성적이 높은 학생과 낮은 학생의 두개골 크기 차이는 매우 작았다.

그래서 장관의 의뢰를 받고서는 지능을 다른 방식으로 측정해보기로 했다. 비네는 난이도가 점점 높아지는 문제들로 구성된 검사를 만들어냈다. 학생이 몇 번째 질문까지 정답을 맞히느냐에 따라 정신 연령을 알 수 있는 방식이었다. 만약 정신 연령이 실제 나이보다 훨씬 적으면, 그 어린이는 특수한 교육이 필요할 것이었다. 그런 방식으로 비네는 최초의 지능검사를 발명했다. 얼마 후 그의 뒤를 이어 심리학자 빌리암 슈테른William Stern이 유명한 지능지수, IQ를 내놓았다. 이것은 정신 연령을 실제 나이로 나눈 값이다.

킬로그램과 미터라는 보편적인 단위가 성공적으로 도입된 후 더 많은 것을 측정할 수 있었다. 거리와 무게를 측정하는 것은 비교적 쉬운 일이었는데, 왜냐하면 누구든 그 개념들이 무엇을 표현하는지 알았기 때문이다. 여기서 저기까지 얼마나 먼지, 어떤 물건을 들었을 때 얼마나 무거운지를 나타내는 측정 단위니 말이다. 그런 표준들은 구체적인 무언가를 측정했다.

하지만 이미 보았듯이 19세기부터 다양한 유형의 수가 등장하기 시작했다. 경제, 범죄, 교육과 같은 추상적 개념에 관한 수들이 그것이다. 모든 사람의 삶을 지배하는 단일 개념인 돈을 예로 들어보자. 동전과 수표는 그 자체로는 아무 가치가 없다. 그 자체로는 무엇을 먹을 수도 없고, 무언가를 지을 수도 없으며, 사람들을 치료할 수도 없다.[19] 하지만 사람들 사이에 그것들이 어떤 가치가 있다고 합의가 되어 있고, 모두(정부를 포함해) 그 합의를 지킨다는 사실을 믿는다.

이 합의 덕분에 우리는 수렵채집 시대에 가능했던 정도보다 훨씬 더 큰 규모로 협력해왔다. 국민국가, 인권, 종교 이 모든 것은 우리가 동일한 바탕에 있음을 보장해주는 개념들이다. 하지만 우리가 그런 합의를 객관적이라고 보기 시작할 때 위험이 초래된다. 예를 들어 번영이라든가 교육 수준 같은 개념을 우리가 만들어냈다는 사실을 잊고서, 그런 개념이 확고하게 자리잡힌 것이라고 여길 때 그렇다. 이때 생기는 현상을 '실체화reification'라고 하는데, 여기서 re는 라틴어 '것(물건)'이라는 뜻의 res에서 왔다. '사물화thingification'라고도 한다. 실체화는 어떤 것을 우리가 만들어내고서는 그 사실을 깜빡한 채 그것이 실제로 존재한다고 믿는 일이다.

추상적 개념이라도 일단 측정하고 나면 훨씬 더 객관적으로 느껴지는 효과가 있다. 경제의 척도인 국내총생산GDP을 보자. GDP가 떨어지면 경기침체 상태다. 그래서 우리가 허리띠를 바짝 조여야 한다면, 이는 정치인들이 GDP가 감소한 경기침체 상태에는 소비 억제가 좋다고 여기기 때문이다. 이 특정한 측정치가 구체적인 결과를 낳는 것이다. 여러분은 실업자가 될 수 있고, 많은 사람이 세금을 더 내야 하거나 금융 지원 대상자가 될 수 있다. 이렇게 GDP는 자연의 확고한 법칙처럼 작동하지만, 알고 보면 그 개념이 생긴 지는 채 100년도 되지 않았다.

GDP라는 발상은 2차 세계대전이 일어나기 몇 해 전에 미국에서 나왔다.[20] 당시 미국은 심각한 불경기에 빠져 있었다. 하지만 경제가 정확히 어떤 상태라는 말인가? 아무도 몰랐다. 가격과 물품 운송에 관한 몇몇 통계가 있기는 했지만 미국 경제가 어떤지를 요약한 단일 수치는 없었다.

그래서 정부는 경제학자이자 통계학자인 사이먼 쿠즈네츠Simon Kuznets에게 '국민소득national income'을 측정해달라고 요청했다.[21] 이 과제에 착수한 쿠즈네츠는 가정과 기업의 소득을 체계적인 방법으로 합산했다. 1934년에 나온 첫 수치를 보면 당시의 극적인 상황이 잘 드러난다. 1929년에서 1932년 사이에 국민소득이 반토막 났다.[22] 사상 최초로 어떤 이가 미국 경제의 온도를 재었더니 영하라는 결과가 나온 셈이었다.

이후 여러 해 동안 미국 정부는 쿠즈네츠의 국민소득 개념을 마뜩잖아했다. 전시 상황이 되자 그 개념은 정치적으로 곤란하기 짝이 없었다. 정부는 복지보다 무기에 돈을 쓰고 싶었는데, 쿠즈네츠의 방법에 따르면 그런 정부 지출은 국민소득의 감소를 의미하므로 결과적으로 전쟁 지원을 약화시킬 터였다. 그래서 해결책으로 찾아낸 것이 GDP라는 다른 측정값이었다. GDP는 정부에서 생산된 것(이를테면 무기)을 포함하여 국가에서 생산된 모든 재화와 서비스의 총 가치를 측정한다. 이에 따르면 새로 만든 폭격기도 경제에 이로웠다.

쿠즈네츠는 이 계획을 가치 있게 여기지 않았다. 분명 경제의 척도 측정은 한 국가의 번영을 측정하는 일이어야 했다. 그가 보기에 무기는 번영과 아무 관계가 없었다. 하지만 쿠즈네츠는 논쟁에서 지고 말았으며, 1942년에 (국방비 지출이 포함된) 최초의 미국

GDP가 발표되었다.²³ 자연법칙과는 무관한, 오로지 정치적 의도로 탄생한 수치였다.

오늘날 정치인들과 정책입안자들은 GDP가 만들어진 개념인데도, 재정 감축을 논할 때 GDP를 객관적 측정치인 양 사용한다.²⁴ 하지만 GDP는 중력처럼 실재하는 측정치가 아니다. 그것에 어떤 수치를 붙인다고 해서 결코 실체가 되지는 않는다. 마찬가지로 여키스가 군인들을 상대로 실시한 검사로 돌아가, 지능도 사람들이 만들어낸 추상적인 개념이다. 우리가 측정하기 위해서 말이다.

세 번의 경기침체를 갑자기 사라지게 하는 마법

GDP를 진지하게 받아들이면 위험할 수 있는데, 특히 GDP가 늘 정확하지는 않다는 걸 잊을 때 그렇다.²⁵ 2015년 7월 미국경제분석국American Bureau of Economic Analysis 은 그 전해에 미국 경제가 2.3퍼센트 성장했다고 발표했다. 한 달 뒤 이 수치는 3.7퍼센트로 조정되었다. 다시 한 달 뒤에는 3.9퍼센트로 조정되었다.

통계학자들한테 벅찬 과제였을까 아니면 휴가가 필요했을까? 둘 다 아니다. 경제 수치를 조정하는 일은 흔하게 일어나며, 그런 측정치를 체계적으로 수집하는 어느 나라에서나 벌어진다. 당연히 경제 수치를 알아내는 데는 엄청난 양의 데이터가 필요하다. 세금부터 국방비 지출까지(그렇다, 국방비 지출은 지금도 포함된다), 수입부터 수출까지 모든 데이터를 기입해야 한다. 그런 데이터를 합치는 데는 시간이 걸릴 뿐 아니라 결코 완벽하게 성공하지도 못한다. 따라서 수치들이 매우 정밀하게(소수점 한 자리까지) 발표된다는 것은 아주 이상한 일이다.

보충 데이터가 경제 상황을 완전히 다르게 나타낼 때가 있다. 이를테면 국가가 경기침체에 빠져 있을 때가 그렇다. 1996년의 경제 데이터에 따르면, 영국 경제는 1955년부터 1995년 사이에 10번의 경기침체가 있었다. 경기침체 기간에는 긴축과 높은 실업률 때문에 국가 전체가 위축되었다. 하지만 2012년에 새로운 데이터를 추가해보니 상황이 꽤 낫게 나왔는데, 똑같은 기간 동안 국가경제의 경기침체는 7번뿐이었다. 경기침체 3번이 그냥 사라진 것이다.[26]

2. 우리의 측정치는 가치판단에 바탕을 둔다

2007년 인공지능 전문가 셰인 레그Shane Legg와 마커스 헌터Marcus Hunter가 지능에 관한 정의를 찾을 수 있는 대로 최대한 많이 모았다.[27] 이렇게 모은 정의는 무려 70가지가 넘었다. 하지만 두 과학자는 어떤 공통적인 근거를 파악해내서 여러 가지 다른 정의들을 전부 아우를 한 문장을 만들었다. "지능은 다양한 환경에서 목적을 달성하는 행위자의 능력을 나타낸다."

레그와 헌터의 제안은 모든 정의에 맞아떨어질지는 모르지만 모호하기 이를 데 없다. 그들의 정의에 따르면, 밤에 남의 집에 몰래 숨어들어 냉장고에서 와인병을 훔쳐내는 능력도 지능이라고 볼 수 있다. 하지만 그런 과제는 지능검사에 나오지 않는다.

실제로는 어떤 과제가 나올까? 웩슬러지능검사는 어휘, 수의 순서 정하기, 공간 능력(추상적 사고에 관한 사안들)을 다룬다.[28] 이것은 이미 알프레드 비네가 만든 최초의 지능검사(여키스에게 영감을 준 검사)에 나오는 내용들인데, 이 검사에서 아이들은 숫자의 순서를 기억하거나 두 대상 간의 차이를 알아내야 했다.

오늘날 우리가 보기에 그런 추상적 개념은 명백히 지능과 관련이 있다. 하지만 1930년대 초반에 실시된 한 연구는 이런 시각의 한계를 드러내준다.

러시아의 신경심리학자 알렉산더 루리아Aleksander Luria의 자서전에는 그가 우즈베키스탄으로 여행을 갔을 때의 이야기가 나온다.[29] 그 나라는 빠르게 현대화되고 있었는데, 루리아는 그런 발전 때문에 사람들의 사고방식이 달라지는지 알아보고 싶었다. 어느 시기에 그와 동료들은 우즈베키스탄의 외진 곳에 사는 서른 살 농부 락맛을 만났다.

루리아는 락맛에게 망치, 톱, 통나무, 도끼 그림을 보여주고서 무엇이 같은 부류가 아닌지 물었다. 락맛이 대답했다. "전부 같은데요. 모두 다 여기 있어야 할 것 같습니다만. 톱질을 하려면 톱이 필요하고, 무언가를 쪼개려면 도끼가 필요해요. 그러니 모두 여기서 필요한 것들이네요."

연구자들은 그가 질문을 잘못 이해했다고 설명했다. 구체적인 예를 들어 어른이 셋 있고 아이가 한 명 있다면, 그 아이가 같은 부류가 아니라고 알려주었다. "아, 하지만 그 아이는 어른들과 함께 있어야 하잖아요!"라고 락맛은 대답했다. "어른 셋이 모두 일하다가 뭔가를 가지러 가야 한다면, 일을 할 수가 없겠죠. 하지만 아이가 대신 가서 가져올 수 있고……."

락맛과의 대화에서 알 수 있듯이 지능검사의 표준 문항인 분류하기에는 여러 가지 방법이 있다. 만약 락맛이 우리에게 질문을 냈다면 어땠을까? 아마도 그의 마을에서 사는 데 필요한 능력을 우리가 갖고 있는지를 측정하는 검사일 것이다. 우즈베키스탄인은 총으로 새를 잘 사냥하는 법이나 겨울에도 먹을 수 있도록 양배추를 절이는 법을 물을 것이다. 마사이족이나 이누이트족의 검사도 마찬가지일 것이다. 대다수는 시험을 크게 망칠 텐데, 그들의 기준에 따르면 우리는 정신적으로 장애가 있는 셈이다.

하지만 우리의 지능검사를 생각해낸 사람은 락맛이 아니었다. 간호사도 목수도 상인도 아니라 비네와 여키스 같은 사람들이었다. 즉 수에 매료된 교육받은 서양인이었다. 아픈 사람을 얼마나 잘 돌볼 수 있는지, 나무 탁자를 만들 수 있는지, 사교 능력이 있는지와 같은 것은 그들의 검사에서 중요하지 않았다. 그들이 보기에는 수열을 완성하고 은유를 이해하고 올바른 범주에서 생각하는 것이 지능이었다(바로 볼리비아에서 연구하는 동안 내가 조사 참여자들에게 기대했던 바였고, 그런 사고방식으로 나는 어리석게도 후아니타가 이해력이 떨어진다고 결론 내렸다).

추상적 사고는 그사이에 위력이 너무 커진 나머지 이제는 마치 그것만이 지능의 참된 형태처럼 보인다. 하지만 이런 유형의 사고가 최상이라고 결론 내릴 어떤 객관적인 근거도 없다. 그저 일종의 가치판단이다.

GDP도 마찬가지다. 사이먼 쿠즈네츠는 그 척도가 국가의 번영을 있는 그대로 나타낸다고 여기지 않았지만, 2차 세계대전 이후로는 분명한 척도로 사용되었다. 각국 정부에게 경제성장, 즉 GDP 증가는 최고의 선善이다. 정부가 그렇게 가치판단을 내린 셈이다. GDP에 무엇이 포함되는지가 중요하기 때문이다. 하지만 GDP가 사람들이 무엇을 가치 있게 여기는지를 늘 반영한다고 볼 수는 없다. 예를 들어 환경오염 산업은 GDP에는 좋지만 환경에는 나쁘다. 안전하지 않은 사회라도 사람들이 자물쇠와 감시 카메라를 돈을 주고 사는 한 경제성장을 의미한다.[30] GDP에 포함되지 않는 것은 어떻게 봐야 할까? 예를 들어 네덜란드인은 한 주에 22시간을 청소하기, 거동 불편한 사람 돌보기, 아이 기르기 등의 돌봄 일에 쓴다.[31]

이런 일은 GDP에 반영되지 않는다. 역설적이게도 누군가에게 돈을 주고 시켜야만 GDP에 포함되기 때문이다.

중요하다고 여기는 것을 측정한 결과는 역으로 우리의 삶에 영향을 끼친다. 즉 우리가 무언가를 측정하고 나면 그것은 중요해진다. GDP는 정치적 결정의 근거로 꾸준히 사용된다. 이를테면 도널드 트럼프는 경제성장을 자기가 벌일 무역전쟁의 논거로 삼았으며,[32] 한 국가의 EU 가입 여부는 GDP가 얼마인지에 크게 영향을 받는다.[33] 마찬가지로 지능검사 성적은 취업이나 선별 과정에 빈번하게 쓰이며 중요한 결과를 초래한다. 오늘날까지 그런 추상적 사고는 누군가의 장래에 결정적으로 영향을 끼치는 영국의 중등교육 자격시험GCSE과 A레벨 같은 표준화된 시험의 핵심 요소다.[34] 우리가 만들어낸 척도에 우리가 사로잡혀 있는 셈이다.

3. 우리가 측정하는 것은 우리가 셀 수 있는 것이다

여기서 이런 질문이 생긴다. 지능이란 정확히 무엇인가? 이미 보았듯이 지능에 관한 정의는 너무 모호해서 그 개념을 수로 직접 변환하기가 불가능하다. 무언가를 측정하려면 명확한 경계 표시가 필요하다. 1904년에 통계학자 찰스 스피어먼Charles Spearman은 지능에 관한 정의를 불필요하게 만드는 기법을 고안해냈다.[35] 만약 수치로 직접 나타낼 수 있다면 말로 무언가를 포착해낼 이유가 없을 테니까.

스피어먼은 검사 점수들을 살펴보고서, 한 검사에서 잘한 사람이 다른 검사에서도 잘하는 경향이 있음을 알아냈다. 그가 생각하기에 이 모든 검사에는 어떤 구조가 분명 숨어 있었다. 그는 계산을 통해 다음 결론에 다다랐다. "어떤 사람에 관한 모든 점수는 단 하나의 수로 나타낼 수 있다.[36] 이를 가리켜 'g요인g-factor'이라고 이름 붙이자." g요인은 한 사람의 일반지능을 측정한 값이라는 뜻이다[g는 'general(일반적인)'의 첫 글자]. 여키스와 비슷하게 그는 심리학을 물리학의 한 형태로 바꾸길 갈망했다. 이 방법으로 그의 꿈은 한걸음 가까워진 듯했다. 확신에 찬 스피어먼은 자신의 연구야말로 '관점에서의 코페르니쿠스 혁명'이라고 여겼다.[37] 그리고 자신의 연구 결과를 굵은 글씨체로 다음과 같은 제목을 달아 한 저널에 발표했다. "객관적으로 측정되고 결정된 일반지능."[38]

하지만 그의 연구가 저 제목처럼 객관적이었을까? 설령 지능검사가 추상적 사고만 측정하고 다른 많은 특성을 제쳐둔다는 점을 인정하더라도, 여전히 문제가 하나 남는다. 바로 스피어먼의 방법에 쓰이는 입력 요소가 수뿐이라는 사실이다. 그는 셀 수 있는 것만 포함시키고 추상적 사고와 관련되는 특성들을 배제했다. 이를테면 정량화하기 어려운 것(작문의 질, 해법의 독창성)이나 과학자가 관찰하기에 시간이 오래 걸리는 것(새로운 언어를 얼마나 빨리 배우는지, 실수를 저지른 뒤 어떻게 반응하는지)을 제외했다.

요점을 말하자면, 지능검사는 결코 지능을 직접 측정하지 않는다. 이렇게 간접적으로 측정한 검사 결과는 대용물이자 근사치일 뿐이다. 그 자체가 문젯거리는 아니다. IQ 점수의 실체를 알고 있는 심리학자들은 검사 결과를 보고도 그 수 너머에 있는 개인의 장점과 단점을 파악한다. 개별적인 검사 항목들의 결과를 연구하여 그 수치들을 관찰 내용과 비교한다.

하지만 IQ 점수가 지능과 동의어가 되면 얘기는 달라진다. 지능과 피부색에 관한 논의가 바로 그런 경우다. 이때 IQ 점수는 하나의 근사치가 아니라 유일한 진리로 여겨진다. 심리학자 에드윈 보링Edwin Boring은 바로 이 점을 꼬집어 1923년에 이렇게 주장했다. "지능은 검사를 검사하는 것이다."[39] (이 말은 지능이 어떤 이의 지적 능력을 객관적·절대적으로 측정한 결과가 아니라 어떤 검사, 이를테면 특정 지능검사에서 나온 결과일 뿐이라는 뜻이다 - 옮긴이)

수는 복잡한 현실을 그대로 반영한다고 알려져 있지만 현실을 근사해낼 뿐이다. 직업을 예로 들어보자. 거의 모든 업무는 정량화할 수 있는 것에 따라 평가를 받는다. 몇 시간 동안 일하는지, 고객을 몇 명 가입시키는지, 환자를 몇 명 맡는지 등으로 말이다. 하지만 정말로 중요한 것, 예를 들어 고객과의 관계가 얼마나 지속 가능한지, 누구를 돌볼 때 얼마나 친절하게 대하는지 등은 정량화하기 어렵다. 알베르트 아인슈타인Albert Einstein의 연구실 벽에는 이런 글귀가 적혀 있었다고 한다. "의미 있다고 해서 모두 셀 수는 없으며, 셀 수 있다고 해서 모두 의미 있지는 않다."

지능검사와 마찬가지로 업무를 수치로 평가하는 일은 그 자체로 잘못된 일이 아니다. 그 데이터 덕분에 여러분이 하는 일이 어떤지 파악할 수 있다. 하지만 양이 질과 혼동될 때가 문제다. 근무 기간 동안 여러분이 하는 일 외의 활동은 모조리 무시되고 초점이 근시안적으로 수치에만 맞춰질 때가 문제인 것이다. 예를 들어 네덜란드에서는 경찰의 업무 실적을 경찰이 발부한 벌금의 액수로 판단했다.[40] '벌금 부과 기간'이 정해졌고, 경찰관들은 그때 최대한 많은 벌금을 부과해야 했다. 사람들은 전조등을 켜지 않고 자전거를 타거나 안전벨트 미착용과 같은 깜빡해서 저지르는 사소한 범법 행위로 느닷없이 벌금 고지서를 받았다. 이 방법이 실제로 사회를 더 안전하게 만드는지 여부는 부차적인 문제였다.

이와 비슷하게 영국의 신노동당New Labour 정부가 응급실에서 환자가 네 시간 이내에 치료를 받아야 한다고 결정했을 때, 많은 병원이 목표치를 조작했다. 사람들은 응급차 안에서 더 오래 머물렀고, 제한 시간을 맞추기 위해 서둘러서 입원수속을 받았다.[41] 수치로만 보면 의료의 질이 향상되었지만 현실은 수치와 동떨어져 있었다.

벌금과 응급실 대기시간을 나타낸 수는 잠시 경찰이나 병원의 질을 적절하게 근사해냈겠지만, 곧 수치의 신뢰성이 떨어졌다. 우리가 중요하게 여기는 것에 초점이 맞춰져 있지 않았고, 그것의 근사에 맞춰져 있었기 때문이다.

이런 경우 사람들은 어김없이 수를 조작할 방법을 찾는다. 사람들은 행동을 조정하거나 심지어 속임수를 쓴다. 이를 가리켜 '굿하트의 법칙Goodhart's law'이라고 하는데, 경제학자 찰스 굿하트Charles Goodhart의 이름을 딴 법칙이다. 다음 말로 이 법칙을 요약할 수 있다. "측정치가 목표가 될 때, 그것은 더 이상 좋은 측정치가 아니다."42 숫자는 비누와 같아서, 너무 세게 잡으면 손에서 빠져나가버린다.

4. 측정하는 것들은 결국 하나의 수치로 귀결된다

IQ 점수와 관련해서 또 하나 이야기할 점은 바로 지능이 하나의 수치로 파악되어야 한다는 것이다. 하지만 지능검사의 시조인 비네는 생각이 달랐다. "지능은 그런 척도로 측정되지 않는데, 왜냐하면 지적인 자질들은 서로 겹치지 않기 때문이다."43

오랜 세월 동안 많은 심리학자는 비네와 생각이 같았다. 한 예로, 영국에서 태어난 미국의 심리학자 레이먼드 카텔Raymond Cattell이 지능의 두 가지 유형을 논했다. 카텔에 따르면 지능의 유형으로는 지식과 경험(결정성 지능crystallized intelligence)이 있고 논리적 사고와 같은 능력(유동성 지능fluid intelligence)이 있다. 카텔은 카텔-혼-캐롤Cattell-Horn-Carroll 이론의 창시자(레이먼드 카텔, 존 혼John Horn, 존 캐럴John Carroll – 옮긴이) 중 한 명이기도 한데, 이 이론은 지능에 여러 유형이 있다는 발상에서 시작한다. 즉 지식, 패턴 인식과 같은 '폭넓은 능력들'이 존재한다고 보았다.[44]

이처럼 여러 가지 다른 능력이 존재하더라도 카텔-혼-캐롤 이론 역시 지능이 전체를 아우르는 하나의 g요인으로 파악될 수 있다고 생각했다. 그 이론에서 영향을 받은 현대의 많은 지능검사는 개별 능력당 점수를 계산하면서도 결국에는 하나의 결과, 즉 IQ 점수를 내놓는다. 지능을 하나의 수치로 파악할 수 없다고 확신한 비네조차도 결국에는 사람당 하나의 수치, 즉 정신 연령을 내놓았다. 왜일까? 정확한 이유는 모르겠지만, 아무래도 그러는 편이 깔끔하고 정돈된 결과라고 여겼을지 모른다.

경제학자 사이먼 쿠즈네츠가 처음으로 미국에 관한 경제 수치를 발표했을 때, 하나의 수치로 국가경제를 요약해내기의 위력이 확연히 드러났다.[45] 이전에는 온갖 개별적인 수치를 이용했으나 이제는 비유하자면 바람이 어떻게 부는지를 한눈에 알아볼 수 있게 되었다. 사람들의 반응은 뜨거웠다. 쿠즈네츠가 발표한 보고서는 (역사상 가장 큰 경제위기에도) 베스트셀러가 되었으며, 프랭클린 루스벨트Franklin Roosevelt 대통령도 미국을 대공황에서 건져낸 자신의 프로젝트(뉴딜정책)에 관한 근거로 쿠즈네츠의 수치를 이용했다.

경제처럼 복잡한 무언가를 하나의 수치로 파악하려면 반드시 무언가를 배제해야 한다. GDP 수치의 경우, 돈으로 표현할 수 없는 모든 내용은 배제되기 마련이다. 하지만 경제학자이자 철학자로서 1998년에 노벨상을 수상한 아마티야 센Amartya Sen은 한 나라의 발전이란 경제력 이상이라고 주장했다.[46] 무엇보다도 사람들이 좋은 교육을 받고 믿을 만한 의료 서비스를 누려야 한다고 여겼다.

바로 이런 생각을 바탕으로 1990년에 아마티야 센은 마붑 울 하크Mahbub ul Haq와 함께 '인간개발지수Human Development Index, HDI'를 고안해냈다. 오늘날 한 나라의 발전을 가늠하는 유명한 척도다. 이 지수는 기대수명, 교육 연수, 소득이라는 세 가지 요소를 고려한다. 지수가 높을수록 더 발전된 나라다. 2018년 노르웨이는 0.95점으로 정상을 차지했고,[47] 나이지리아는 0.38점으로 꼴찌였다. 영국은 15위에 올랐다.

이처럼 한 나라의 발전을 측정하기 위해 여러 요소를 사용하는 것이 좋기는 하지만, 그래도 복잡한 개념은 하나의 수, 쉽게 전달하고 이해할 수 있는 숫자 하나로 표현되고 만다. 나라마다 하나의 수를 갖는다면 승자와 패자의 등급을 정하기가 쉽다. 마치 사람마다 지능을 하나의 점수로 나타내야 사람들의 등급을 매기기가 쉽듯이 말이다.

등급이 실제로는 등급이 아닐 때

이 책의 네덜란드어 제목 옆에는 지금껏 '최고의 베스트셀러'라는 문구가 붙어 있다. 이런 등급을 알려주는 표시들은 어디에나 등장한다. 어느 나라가 가장 행복하다느니 어느 도넛이 가장 맛있다느니 어느 병원이 최고라느니, 이렇게 모든 것에 수가 붙고 등급이 매겨진다. 이런 등급들 중 일부는 그야말로 허튼소리다. 한 '올리볼oliebol'(네덜란드 전통 도넛)을 만드는 사람이 네덜란드 TV 토크쇼에 나가서 불만을 토로했다. 자기가 한 신문에서 등급 '1'(가장 낮은 등급)을 받았는데, 알고 보니 어설프게 손본 수치였다는 것이다.[48] 판정단은 분명 3 아래의 등급을 준 적이 없었다.

"저희의 요청으로 이 수치들은 1에서 10까지의 등급으로 재조정됐습니다." 나중에 편집주간 한스 니옌하위스Hans Nijenhuis가 이렇게 털어놓았다. "그런 식으로 하면 결과들이 더 뚜렷하게 대조되어 보이거든요."[49] 해당 네덜란드 신문사 《AD》(알헤멘 다흐블라트Algemeen Dagblad)는 이후로 그런 방식의 맛 검사를 그만두었다.

연례 AD 병원 등급도 마찬가지다. 이 신문사는 매년 여러 가지 특성을 바탕으로 병원에 등급을 매긴다. 2014년 네덜란드 비즈니스 전문가 헤름 우스텐Herm Joosten에 따르면, 병원들은 평균적으로 25등 이상 오르락내리락한다.[50] 그해에 상위 10위에 들었던 병원들 중 대다수는 다음 해에 더 낮은 순위로 떨어졌다. 여러분이 '최고의' 병원에 가기로 마음먹었다면, 여러분이 그 병원 수술실에 들어갔을 때쯤에는 십중팔구 그곳은 더 이상 최고가 아니기 쉽다.

하지만 지능처럼 추상적인 것을 측정할 때 단일 수치를 최종 점수로 사용하면 또 다른 문제점이 생긴다. 똑같은 개념이라도 측정하는 방법은 대체로 여러 가지다. 인간개발지수를 다시 살펴보자. 기대수명과 교육, 소득을 어떻게 합산해야 할까? 한 나라의 불평등을 어떻게 다루어야 할까? 그리고 남성과 여성의 차이가 있는데, 이 또한 중요한 고려 요소가 아닐까? 이 모든 질문에 대한 단 하나의 확실한 정답은 존재하지 않는다.

사실 위의 질문들은 나의 생각이 아니다. 유엔 보고서에는 인간개발지수와 더불어 불평등-HDI와 젠더-HDI가 함께 나온다. 이런 지수들을 통해 같은 나라라도 지역별로 어떻게 점수가 다른지, 측정의 한계는 무엇인지 그리고 측정 불가능한 측면들이 무엇인지 알 수 있다.[51]

이런 미묘한 차이들은 좀체 언론에 소개되지 않는다. 수치가 하나면 한눈에 쏙 들어오지만, 수치가 많으면 이해하는 데 방해만 될 뿐이다. 수치가 많으면 '만약에'와 '그러나'로 가득 찬 세상이 되고 만다. 이를테면 굶주림에 관한 수치들은 대체로 굶주림을 어떻게 정의하느냐에 따라 달라진다.[52] 유엔의 식량농업기구FAO는 한 사람이 일상적으로 충분한 칼로리를 섭취하지 않으면 영양부족 상태에 있다고 본다. 하지만 얼마만큼이어야 '충분'할까? 책상에 앉아서 종일 타이핑하며 지내는 사람과 온몸을 써서 밭일을 하는 사람에게 충분한 칼로리의 기준은 크게 다를 수 있다.

식량농업기구에서 2012년에 다른 방식으로 계산을 해보았더니 굶주림을 어떻게 정의하느냐에 따라 수치가 완전히 달라졌다.[53] 어떤 정의를 따르면 전 세계의 굶주림 수준이 해가 갈수록 올라갔지만, 또 다른 정의를 따르면 내려갔다. 또한 연구자들은 굶주림에 시달리는 사람들의 절대적인 수와 전 세계 인구 대비 굶주리는 사람들의 '비율' 사이에서 선택해야 했다. 각각의 사람이 중요하다는 점을 우선시한다면 절대적인 수가 합당하다. 하지만 만약 인구의 대다수가 충분한 영양을 섭취한다는 점이 중요하다고 여긴다면 비율이 유용하다. 이것은 통계적으로 고려할 것이 아니라 윤리적으로 고려해야 할 사항이다.

마찬가지로 지능검사에서도 선택이 검사 결과에 큰 차이를 낳는다. 1984년에 심리학자 제임스 플린James Flynn은 이전 세대들에 관한 수를 연구하다가 놀라운 현상을 발견했다. 지난 100년 동안 사람들의 IQ 점수가 계속 높아진 것이다. 그리고 1930년대 출신 세대를 현대의 검사 기준으로 평가하면 정신 지체에 가까운 70점이 나왔다. 반면에 1930년대 기준으로 평가한 현 세대의 평균 IQ 점수는 130점으로, 매우 총명하다는 결과가 나왔다.[54]

플린은 알프레드 비네가 프랑스 학생들을 상대로 첫 지능검사를 실시한 지 80년이 지나서야 그 현상을 발견했다. 세대 간에 있는 이런 엄청난 차이를 찾는 데 왜 그렇게 오랜 시간이 걸렸을까?[55] 그 원인은 이후 과학적으로 거듭 확인되었는데, 바로 한 번씩 검사가 개정된다는 점이었다.

예를 들어 아동을 위한 웩슬러지능검사는 1949년에 처음 사용되었다가 네 차례(1974년, 1991년, 2003년, 2014년) 개정되었다. 이런 정비 기간 동안 질문도 개선되었을 뿐만 아니라 점수도 달라졌다. 새로 나온 검사는 한 집단을 대상으로 시험 삼아 실시되는데, 이때 IQ 점수는 검사 집단의 평균이 100이 되는 방식으로 계산된다. 그런데도 검사 집단들(사회 전체)은 점점 더 높은 점수를 얻어 왔다. 플린이 알아낸 바에 따르면 우리는 특정한 유형의 추상적 사고를 더 많이 하도록 교육받는데, 이것이 지난 세기 동안 더 많은 학교와 직장에서 점점 더 지배적인 역할을 했다. 만일 오늘을 사는 당신이 조상들과 인지능력이 같다면 당신의 IQ 점수는 조상들보다 낮게 나올 것이다.[56]

5. 우리가 측정하는 것은 그렇게 되길 바라는 것이다

1차 세계대전 동안 미국 신병들을 대상으로 한 여키스의 지능검사로 되돌아가보자. 여키스 연구팀의 검사 결과에 따르면 이민자들은 본질적으로 지능이 낮았으며 흑인들의 지능은 최하위였다. 연구팀은 일련의 다른 결과도 내놓았는데,[57] 피검사자의 점수와 그가 교육받은 기간(연수) 사이에 강한 상관관계가 있었다.

하지만 여키스는 교육이 높은 지능으로 이어진다고 결론 내리지 않았다. 여키스는 그 관련성을 반대로 해석했다. "데이터가 축적되면서 타고난 지능이 교육을 지속적으로 받는 데 가장 중요한 조건이라는 이론이 확실히 증명되었다." 마찬가지로 흑인이 교육을 많이 받지 않았음을 알고서도, 그것이 흑인의 지능 점수가 낮은 이유라고 보지 않았다. 여키스는 교육을 적게 받은 이유는 흑인의 타고난 지능 때문이라고 결론 내렸다. 흑인들이 차별의 시대에 살고 있다는 걸 잠시 잊고서 내린 결론이다.

여키스는 4장에서 집중적으로 살펴볼 그릇된 추론을 내렸다. 즉 무턱대고 상관관계가 인과관계라고 인정했다. 피부색이 사고 수준을 결정한다고 보았는데, 그가 내놓은 수치들은 결코 이 결론을 지지하지 않는다. 그는 숫자가 스스로 말하게 놔두는 대신에 자신의 직감을 믿었다. 더군다나 이 직감은 시대의 사고방식과 일맥상통했다.

여키스가 《미국인의 지능에 관한 연구A Study of American Intelligence》에 쓴 서문에도 그런 점이 여실히 드러난다. "어느 시민도 인종 퇴보의 위협이나 이민과 국가 발전 사이의 명백한 관계를 무시할 수 없다."[58] 여키스의 데이터를 바탕으로 하는 이 책은 우생학자들이 미국의 이민문제를 두고 토론할 때 자주 거론하기도 했다.

이처럼 늘 되풀이되며 이 책에서도 앞으로 빈번하게 나오듯이, 숫자는 그것을 사용하는 이들의 믿음이나 요구에 맞는 방식으로 해석된다. 지능검사의 창시자인 알프레드 비네는 일찍이 지능을 절대적인 실체로 여기지 않아야 한다고 경고했는데도,[59] 여키스는 검사 점수가 타고난 능력을 나타낸다고 해석해버린 것처럼 말이다.

GDP를 세상에 내놓은 경제학자 사이먼 쿠즈네츠도 그 수치가 행복한 삶과 똑같은 뜻이 아니라고 경고했다.[60] 그런데도 20세기 동안에 GDP는 줄곧 그 뜻으로 이용되었다. 이런 해석은 위험하다. 숫자를 진지하게 취급하고 싶다면 숫자가 하지 못하는 일이 많음을 인정해야 한다. GDP는 단지 '생산'에 관한 측정값이며 IQ는 검사의 점수일 뿐이다. 편견과 확신 때문에 실제와 다른 무언가로 부풀려지지 않도록 조심해야 한다.

한 세기가 지난 오늘날에는 군인들의 지능검사 점수에 관한 여키스의 해석을 어떻게 보아야 할까? 비네의 생각대로 IQ 점수는 확고한 실체가 아니다. 이를 입증할 가장 중요한 증거가 앞에서 말한 플린효과Flynn effect다. IQ 점수가 여러 세대를 지나면서 높아졌다는 사실은 우리의 선조가 우둔하고 우리가 총명하다는 뜻이 아니다. 우리가 추상적 사고에 능한 까닭은 그 능력이 현대생활에서 매우 보편적으로 쓰이기 때문이다. 말콤 글래드웰Malcolm Gladwell의 표현대로 "IQ 점수는 (…) 우리가 얼마나 똑똑한지를 측정하기보

다는 얼마나 현대적인지를 측정한다".[61]

심리학자들은 사람의 IQ 점수가 환경과 유전자 둘 다에 의해 결정된다고 본다. 삶의 조건들은 엄청난 차이를 낳을 수 있다. 예를 들면 추수 이전(배고픔과 가난의 시기)에 처러진 한 지능검사에서 인도 농부들은 평균적으로 추수 이후에 얻은 점수에 비해 13점이 낮은 점수를 얻었다.[62] 추수 전에는 가난을 견디느라 그들의 인지능력이 소진되는 바람에 명석하게 생각할 여력이 적었기 때문이다.

케냐에서 발표된 또 하나의 연구에 따르면, 어린이들의 평균 IQ 점수가 1984년부터 1998년 사이에 26점 넘게 올랐다.[63] 어떻게 된 일일까? 과학자는 생활조건의 향상을 이유로 들었다. 부모가 더 나은 교육을 받았고, 양질의 영양을 섭취하여 어린이들이 더 건강해졌기 때문이다.

흑인 미국인들한테도 더 나아진 환경이 더 높은 점수로 이어졌다. 백인들과의 IQ 점수 차이도 요즘에는 예전보다 작다. 30년 동안 흑인 미국인들은 백인 미국인들과의 점수 차이를 4~7점까지 줄였다.[64] 그 결과 2006년에 경제학자 윌리엄 디킨스William Dickens와 심리학자 (플린효과의 당사자인) 제임스 플린은 흑인 미국인과 백인 미국인의 IQ 점수 차이는 '허구'일 뿐이라고 결론 내렸다.

다시 여키스와 그의 추종자들로 되돌아가보면, IQ 점수를 지능과 동의어로 여기는 시각은 잘못이며, IQ 점수가 타고난 지능이라는 말은 그야말로 어불성설이다. 흑인들의 환경이 백인들의 환경과 다른 한, IQ 점수 차이가 두 집단 간의 근본적인 생물학적 차이 때문이라고 보는 것은 쓸데없는 짓이다.

비록 나아지기는 했지만, 백인과 흑인의 불평등은 여전히 심각하다. 2016년 미국 흑인 가정의 소득 중간값은 17,600달러로서, 백인 가정의 소득 중간값 171,000달러의 10분의 1이었다.[65] 대체로 가난한 흑인 동네의 학교들은 백인 동네의 학교보다 수준이 뒤떨어진 편이다.[66] 차별은 지금도 일상의 질서다. 꾸며낸 이력서로 한 실험에서 거듭 드러났듯이, 흑인처럼 들리는 이름을 지닌 구직 신청자들이 더 자주 거부를 당했다.[67] 어떤 검사에서 받는 점수가 사람들마다 다르다고 놀란다는 건 바보스럽기(나로서는 이것 말고는 다른 표현을 찾지 못하겠다) 그지없는 일이다.

그럼에도 숫자 덕분에 밝혀진 진실

지능과 같은 추상적 개념을 표준화할 때 연구자는 늘 선택을 내려야 한다. 따라서 숫자는 딱히 쓸모가 없어 보일지 모른다. 하지만 그렇지 않다. 숫자는 숫자가 없었더라면 숨어 있었을 패턴을 찾는 데 도움을 줄 수 있다.

하지만 잘못된 기대를 품고서 정의상 숫자가 객관적이라고 가정하면 위험하다. 그랬다가는 숫자가 더 이상 생각을 하지 않을 핑계로 작용한다. 예르나츠 라마우타싱이 다음과 같이 말한 것이 좋은 예다. "차라리 흑인이 아주 똑똑하다는 걸 발견했더라면 저도 정말 좋겠어요. (…) 하지만 그게 사실은 아니죠." 라마우타싱은 숫자가 알려주는 내용일 뿐이라면서 자기 탓은 아니라고 주장했다.

이거야말로 주객이 전도된 상황이다. 우리가 숫자를 진지하게 취급하려면 숫자의 한계도 전부 알아차리고 확인해야 한다. 숫자의 이면에는 가치판단이 있다는 사실, 모든 것을 셀 수는 없다는 사실 그리고 숫자가 알려주지 못하는 내용도 아주 많다는 사실을 알아야 한다. 숫자는 진리 자체가 아니라 진리를 이해하는 데 도움을 줄 뿐이다.

숫자는 숫자가 없었더라면 보지 못했을 것들을 드러내줄 수 있다. 앞서 보았듯이, 아치 코크런은 숫자를 이용해서 약의 효과를 검사했다. IQ 점수 또한 사람들을 돕는 데 이용될 수 있다. 심리학자는 IQ 점수로 한 어린이의 발달 과정을 이해할 수 있다. 또한 흑인 미국인과 백인 미국인 간에 다른 IQ 점수를 통해 불평등의 심각성을 파악할 수도 있다.

그러므로 숫자를 대화의 종착지로 삼지 말고 출발점으로 삼기 바란다. 우리는 이런 질문들을 계속 던져야 한다. 연구 과정에서 어떤 선택이 있었을까? 차이가 어디에서 비롯되었을까? 그런 차이가 정책에 어떻게 영향을 끼칠까? 특히 다음 질문이 중요하다. 숫자는 우리가 중요하다고 미리 결정한 것을 측정한 값이 아닐까?

3장
수상쩍은 렌즈를 통해 바라본
'성' 이야기

가난을 측정하고 성적 학대 관련 통계를 수집하고 발표하는 수치는 표본에서 얻은 데이터다. 이런 종류의 조사에서 모두를 포함시키기란 불가능하다. 표본은 세상을 이해하기 위해 사용하는 렌즈인 셈이다.

1948년에 찍힌 한 흑백사진에는 양손으로 신문을 잡고 있는 한 중년 남자가 나온다. 신문 1면에 대문자로 쓰인 표제는 이렇다. "듀이가 트루먼을 이기다." 사진 속의 남자는 금니가 보일 정도로 활짝 웃고 있다. 방금 전 세상에서 가장 영향력 있는 인물이 된 사람이다.

이 사진은 대통령 후보 토머스 E. 듀이Thomas E. Dewey가 실제로 '트루먼을 이겼기' 때문이 아니라 이기지 못했기 때문에 전설적인 사진이 되었다. 사진 속의 남자는 듀이의 맞수인 해리 트루먼Harry Truman이다.[1] 그리고 트루먼이 손에 들고 있는 신문은 완전히 빗나간 결과를 내놓았다. 《시카고데일리트리뷴Chicago Daily Tribune》의 편집주간은 여론조사만 믿고서 듀이의 승리를 확신했다. 그래서 선거 결과를 기다리지도 않고 선거 당일 밤에 대담한 표제를 성급하게 인쇄해버렸다.[2]

2016년 11월에 도널드 트럼프도 비슷한 사진을 찍었다. 그의 손에는 힐러리 클린턴Hillary Clinton의 승리를 예측한 많은 신문 중 하나가 들려 있었다. 트럼프의 얼굴은 활짝 웃고 있었는데, 신문이 틀렸기 때문이다. 선거 다음 날 《뉴욕타임스》는 물었다. "어떻게 트럼프는 이토록 놀라운 승리를 거머쥐었는가? 어떻게 거의 누구도(전문가, 여론조사기관, 언론) 그렇게 될 줄 몰랐는가?"[3] 프린스턴대학교 교수 샘 왕Sam Wang은 여론조사를 바탕으로 클린턴이 이길 확률이 99퍼센트라고 예측하고 만약 트럼프가 이긴다면 벌레를 먹겠다고까지 약속했다.[4] 그는 선거 나흘 후 귀뚜라미를 먹으면서 '견과류 맛'이 난다고 했고, CNN은 이를 생중계했다.[5]

이리하여 트루먼의 뜻밖의 승리가 있은 지 거의 70년 만에 여론조사의 신뢰성에 대한 의문이 또다시 제기됐다. 여론조사는 어김없이 세상에 영향을 끼친다. 언론이 정치인에 대해 어떤 글을 쓸지, 누구를 TV 토론에 참여시킬지에 영향을 준다. 더군다나 유권자들도 여론조사를 바탕으로 전략적인 투표를 하거나 애초에 투표장에 갈지 말지 결정한다. 따라서 여론조사는 선거 결과에 직간접적으로 영향을 끼치며, 결과적으로 민주주의에도 영향을 끼친다.

여론조사의 신뢰성에 대한 의문은 선거에만 국한되는 사안이 아니다. 우리가 실제로 마주치는 많은 수치 뒤에는 여론조사에 쓰이는 방법(표본 추출)이 자리잡고 있다. 가난을 측정하고, 성적 학대와 관련한 통계를 수집하고, 약물을 검사하고 발표하는 수치는 표본에서 얻은 데이터다. 이런 종류의 조사에서 모두(모든 미국인, 모든 여성, 모든 암 환자)를 포함시키기란 불가능하다. 의사 아치 코크런은 포로수용소의 모든 부종 환자를 연구하지 않고 그중에서 스무 명만 연구했다. 심리학자 로버트 여키스는 모든 미국인이 아니라 군인들의 지능을 검사했다. 표본은 세상을 이해하기 위해 사용하는 렌즈인 셈이다.

네덜란드 레이던대학교의 옐커 베틀레험Jelke Bethlehem 교수에 따르면, 표본은 아마도 인류의 역사만큼 오래되었다.⁶ 누구나 의식하든 안 하든 이 방법을 쓴다. 요리할 때 우리는 수프를 한 숟가락 맛보고서 전체 수프의 맛을 판단한다. 표본을 뜻하는 네덜란드어 단어 steekproef(스티크프뢰프)는 수백 년 동안 네덜란드 치즈 시장에서 사용되었는데, 시장에서 사람들이 '치즈를 검사하려고 proef' 치즈 국자를 치즈 속에 '넣은sleek' 데서 유래했다.

19세기부터 사람들은 수치를 열심히 수집하기 시작했는데, 특히 1824년에는 최초로 표본을 이용한 여론조사가 실시됐다.⁷ 그해 미국 대통령 선거는 1776년 미국의 독립 이후 가장 흥미진진한 사건이었다. 후보 네 명이 승리를 위해 박빙의 승부를 벌였을 뿐만 아니라 그제야 많은 미국인에게 투표권이 생겼기 때문이다.⁸

정보에 목말랐던 그 시대의 유권자들은 시대정신에 발맞춰서 수를 세기 시작했다. '이 후보가 칭찬의 말을 몇 번 들었나?' '사람들이 그에게 내기를 걸었나?' 호기심에 사로잡힌 유권자들은 군대 열

병식을 구경할 때나 독립기념일 파티나 동네 술집 등에서 자기가 지지하는 후보의 장점을 떠들어대기 시작했다. 신문들도 수치를 발표했는데, 특히 자기 신문사가 지지하는 후보한테 유리한 결과가 나올 때 앞장서서 그랬다.

트루먼이 1948년의 선거에서 이기고 활짝 웃었던 때로 가보자. 그사이에 여론조사는 더욱 정교해졌다. 전문적인 기관이 전국 단위로 여론조사를 실시했는데, 단지 선거에 관해서만이 아니었다. 직업 여성에서 전쟁에 이르기까지, 유엔에서 감기에 이르기까지 모든 일에 관해 미국인들에게 의견을 물었다.[9]

하지만 1948년 선거 이후, 표본을 이용한 조사는 명성에 금이 갔다.[10] 여론조사 기관이 듀이와 트루먼 간의 선거에서 한참 빗나간 예측을 내놓은 마당에 다른 표본을 어떻게 신뢰할 수 있었겠는가. 또 여론조사 결과는 얼마나 믿을 수 있었겠는가.

이런 회의적인 시각은 때마침 1948년에 발간되어 논쟁을 일으킨 한 저서에서도 나타났다. 840쪽에 달하는 그 책은 많은 사람의 눈을 튀어나오게 만들 주제를 다루었다. 바로 성性이었다. 저자인 생물학자 앨프리드 킨제이Alfred Kinsey는 동료 워델 포머로이Wardell Pomeroy와 클라이드 마틴Clyde Martin과 함께 5,300명의 미국인 남성을 인터뷰하여 성생활에 관해 조사했다.[11] 이 연구 결과를 모은 책 《남성의 성적 행동Sexual Behaviour in the Human Male》은 엄청난 성공을 거두었다. 25만 권 넘게 팔렸으며 전국 베스트셀러 목록에 여러 달 동안 올랐다. 이 책을 다루지 않은 라디오 프로그램이나 그것을 풍자만화에 이용하지 않은 만화가가 거의 없을 정도였다.[12]

누구든 그 책의 통계에 관해 이야기했다. 미국의 지배적인 규범은 윤리적인 쪽이었을지 모르지만, 이 연구에 따르면 현실은 전혀 딴판이었다. 남성 90퍼센트가 혼전 성교를 했으며, 50퍼센트가 외도를 했고, 37퍼센트가 다른 남성과 성 경험을 했다. 또 남성 12명 중 1명꼴로 동물과 성교를 했다(농장에서 자란 남성들의 경우 6명당 1명꼴이었다).[13] 더욱 놀라운 점은 이 수치들이 오늘날에도 여전히 사용되고 있다는 것이다. 남성 10명 중 1명이 동성애자라는 말을 들은 적 있는가? 이 연구에서 나온 내용이다.[14]

그런데 이 수치들이 옳을까? 1948년 선거 예측 실패에서 드러났듯이 여론조사는 한 꺼풀 걷어내고 받아들여야 한다. 곧이곧대로 받아들여서는 안 된다는 말이다. 《라이프투데이 Life Today》에 이런 기사가 실렸다. "고작 5,300명과의 인터뷰를 바탕으로 6,000만 명의 백인 남성을 판단하고 비난받게 만든 여론조사는 몇 꺼풀을 걷어내야 할까?"[15]

비판이 눈덩이 커지듯 커졌고, 킨제이의 연구에 자금을 댄 록펠러 재단은 좌불안석이 되었다. 그러다가 마침내 1950년 가을, 저명한 통계학자 세 명이 성 보고서의 제1저자를 진땀 빠지게 만들었다.[16]

통계학자 세 명이 킨제이에게 묻다

저명한 세 통계학자는 성에 관한 책들로 가득 찬 지하실에서 기다리고 있었다. 그들은 사실 그런 평가에 참여할 여유가 없었다. 프레드 모스텔러Fred Mosteller는 하버드대학교에서 진행 중인 연구로 바빴고, 윌리엄 코크런William Cochran은 존스홉킨스대학교의 생물통계학과 학장인 데다 프린스턴대학교에서도 맡은 일이 있었으며, 존 튜키John Tukey는 그즈음 벨전화연구소를 위한 특허를 따내느라 여념이 없었다. 그런 세 학자가 인디애나에 있는 성연구소Institute for Sex Research에 간 이유는 책임감 때문이었다. 세 통계학자는 갑론을박하는 성에 관한 그 설문조사가 믿을 만한지 조사해달라는 요청을 받았다.

세 사람이 임시로 입장이 허용된 연구실에 도착하자 곧바로 문이 활짝 열렸다. 연구실 안에는 한 무리의 비서들과 다른 직원들을 거느린 킨제이가 있었다. 그들을 초빙한 연구소의 책임자인 킨제이의 평판은 이제 세 통계학자의 판단에 달려 있었다.

킨제이 교수(친구들이 부르는 이름으로는 프록Prok)는 키가 컸고, 늘 나비넥타이를 매고 있었다. 초기 연구 분야는 어리상수리혹벌이었다. 그는 미국의 36개 주와 멕시코까지 다니면서 최대한 많은 표본을 모았고 그렇게 모은 혹벌을 일일이 꼼꼼하게 고정하고 측정하고 기록했다. 그런데 1938년 어느 대학교 과목을 맡으면서 전혀 다른 분야로 눈을 돌렸다. 인디애나대학교에서 학생들에게 결혼을 준비시키는, 즉 성생활을 가르치는 '결혼과 가정'이라는 과목이었다.

킨제이는 정통 기독교 가정 출신답게 자위를 멈출 수 없는 자신에게 무언가 문제가 있다고 여겼다. 집에서는 성에 관한 말을 입 밖에 내는 것이 금기였기 때문에 아무런 정보도 얻을 수 없었다. 젊은 킨제이는 의지할 데라고는 죄 짓는 행동을 멈추게 해달라고 하느님께 기도하는 것뿐이라고 결론 내렸다.

킨제이는 '결혼과 가정' 과목을 가르칠 무렵에 이미 마흔이 넘었으므로 성에 관해 알 만큼 알 나이였다. 하지만 어떤 성적 행동이 평범한 것인지는 전혀 몰랐다. 당시의 그에게는 인간의 성생활보다 어리상수리혹벌에 관한 데이터가 더 많은 상황이었다. 그래서 킨제이는 학생들에게 이런 질문을 하기 시작했다. "절정에 다다른 적이 있는가?" "자위를 하는가?" "매춘부와 성교한 적이 있는가?"

하지만 킨제이는 데이터가 더 많이 필요했다. 그래서 전국에서 데이터를 모으기 위해 10만 명과 인터뷰하기로 했다.[17] 또한 용케도 권위 있는 록펠러재단을 설득하여 연구비를 타냈다. 록펠러재단이 보기에 성은 민감한 주제이긴 하지만, 행복한 결혼생활을 하고 있고 조금은 괴짜인 그 교수보다 성에 관해 더 잘 연구할 사람은 없어 보였던 것 같다. 킨제이라면 중립적으로 거리를 둔 채 마치 혹벌을 대하듯 사람들을 연구할 터였다. 그는 이렇게 주장했다. "우리는 사실을 기록하고 보고할 뿐입니다. 우리가 서술하는 행동을 판단하지 않을 것입니다." 다시 말해 사실만 알아낼 뿐 의견을 달지 않겠다는 것이었다.

킨제이 보고서가 발표된 지 2년 후, 이제 그가 연구를 잘했는지 여부를 판단하는 일은 세 명의 통계학자에게 달렸다. 그들은 표본을 사용할 때 벌어질 수 있는 여섯 가지 중대한 실수를 밝혀내고자 했다.

잘못된 질문

- 당신이 답변할 말은 주로 어릴 적에 얻은 성에 관한 지식에서 나왔는가?
- 당신은 고통을 주거나 받기를, 무언가를 하도록 강요받거나 누군가에게 강요하기를 꿈꾸는 성향인가?
- 돈을 지불하고 여성과 성교 또는 다른 성적 활동을 처음 한 것은 몇 살 때인가?

세 통계학자는 킨제이와 동료 연구자들에게 성생활에 관한 설문조사를 받았다. 인터뷰가 실제로 어떤 식으로 실시되었는지 직접 체험하기 위해서였다.

킨제이의 조사는 피검사자의 성 경험에 따라 350~521개에 이르는 질문으로 구성되었고 평균 두 시간이 걸렸다. 연구자는 문항을 암기해서 질문했는데, 질문 목록을 읽고 있으면 참가자들이 짜증을 낼까 염려해서였다. 기밀유지를 위해 답변은 비밀스럽고 복잡한 부호로 기록되었다(예컨대 답변의 'P'는 사춘기puberty도 동료peer도 애무petting도 개신교신자Protestant도 뜻할 수 있었다[18]). 게다가 킨제이와 두 연구자는 참가자들이 비밀을 조금은 쉽게 털어놓을 수 있도록 질문하려고 했다. 예를 들어 '아내 몰래 바람을 피운 적이 있습니까?'라고 질문하지 않고 '결혼생활 동안 아내 외의 여성과 성교를 처음 한 것은 몇 살 때입니까?' 같은 식이다. 프린스턴대학교에서 온 존 튜키라면 그런 질문을 받고 깜짝 놀랐을 것이다. 그는 포크댄스 수업에서 만난 아내 엘리자베스와 이제 막 결혼했으니 말이다.[19]

인터뷰를 둘러싼 상황은 매우 중요한데, 특히 성과 같은 민감한 주제를 다룰 때 더욱 그렇다. 사실상 거의 모든 조사에서 이성 성교 상대자의 수는 여성보다 남성이 더 많았다. 예를 들어 2010년부터 2012년까지 2년 동안의 데이터를 사용한 영국의 조사에서 여성이 함께 잤다고 말한 남성의 수는 평균 일곱 명이었는데, 남성의 경우는 평균적으로 여성의 두 배였다.[20] 하지만 그렇게 되기는 불가능한데, 이 추가된 여성들은 어디에서 왔다는 말인가. 설문조사가 현실을 제대로 대변했을까? 어쩌면 남성들은 해외에 성교 상대자를 더 많이 두었을까? 또 어쩌면 인터뷰를 하지 않은 성 노동자들을 찾아갔을까?

그럴듯한 이유를 말하자면, 실험 참가자들이 진실을 말하지 않았을지 모른다. 2003년의 한 실험을 예로 들어보자. 그 실험에서는 학생 200명에게 자신의 성생활에 관한 설문지를 작성하게 했다. 일부 학생들에게는 거짓말탐지기를 연결했다. 가짜 탐지기였지만 학생들은 그 사실을 몰랐다. 실험 결과 여성의 성교 상대자의 수가 70퍼센트나(2.6명에서 4.4명으로) 많아졌다.[21] 거짓말하기를 다룬 이런 연구에서 알 수 있듯이, 상황은 여론조사 결과를 좌우하는 매우 중요한 요소다.

그러면 킨제이 성 연구를 둘러싼 상황은 어땠을까? 가능한 한 최상의 환경이 마련되었을까? 그렇다고 말하긴 어렵다. 한 비교연구에서 밝혀진 바에 따르면 성에 관한 연구에서 단 하나의 최상의 방법은 존재하지 않는다. 어떤 사람들은 스스로 설문지를 작성해야 할 때 더 솔직해지지만, 어떤 사람들은 (킨제이의 연구에서처럼) 질문자와 대화를 주고받아야 민감한 정보를 더 쉽게 털어놓는다.[22]

표본 연구에서는 상황과 더불어 질문의 구성 방식이 중요하다. 일부 질문들은 의도적이든 아니든 응답자들을 특정 방향으로 몰고 간다. 한 논쟁적인 정책에 관해 인도 총리 나렌드라 모디Narendra Modi의 여론조사를 예로 들어보자. 2016년 그가 이끄는 정부는 당시에 쓰이던 500루피 수표와 1,000루피 수표를 더 이상 합법적인 통화로 사용하지 못한다고 결정했다. 국민들은 고작 두 달밖에 안 남은 그해 말까지 수표를 교환해야 했다.

모디는 자신의 정책이 부패를 청산하고 탈세를 방지하리라고 믿었다. 게다가 이 정책으로 총리의 큰 관심사인 전자결제로 전환하도록 인도 국민들을 독려하려 했다. 하지만 그 결정은 엄청난 대중의 저항을 불러일으켰다. 반대자들은 너무 급진적이라고 주장했다. 인도 현금의 86퍼센트라는 엄청난 양의 돈을 두 달 만에 교환하려다가는 큰 혼란이 벌어질 게 뻔했다.

모디 총리는 저항을 잠재우려고 설문조사를 실시하기로 했다. 30시간 만에 50만 명의 국민이 설문에 대답했는데, 총리는 결과에 만족했다. 90퍼센트 이상이 총리의 계획이 좋거나 심지어 '훌륭하다'고 답했기 때문이다.

총리의 설문조사 항목들을 살펴보자.

- 인도에 검은 돈이 존재한다고 믿습니까?

- 부패와 검은 돈의 해악을 퇴치해야 한다고 생각합니까?
- 검은 돈을 물리치려는 정부의 조치를 어떻게 생각합니까?
- 부패를 퇴치하려는 모디 정부의 노력을 어떻게 생각합니까?
- 오래된 500루피 수표와 1,000루피 수표를 금지하려는 모디 정부의 조치를 어떻게 생각합니까?

질문이 나올 때마다 응답자는 이 조치가 부패 퇴치에 필요하다는 생각 쪽으로 내몰렸다. '아니요'라고 대답하기 매우 어려운 질문(대체 누가 해악을 없애야 한다고 생각하지 않겠나?)에 답하다 보면, 결국에는 조치에 반대하기가 거의 불가능하다는 생각에 이르고 만다.

"통화 금지가 보통 사람들한테 부동산, 고등교육, 건강을 가져다줄 것이다"라는 말을 어떻게 여기느냐고 묻는 항목에서는 그야말로 터무니없음의 절정에 다다랐다. 선택할 답은 다음 세 가지뿐이었다. "완전히 동의함, 부분적으로 동의함, 할 말이 없음." 동의하지 않기는 불가능했다. 벵갈루루대학교의 마케팅학과 교수 프리트비라지 무케르지Prithwiraj Mukherjee는 발끈해서 이렇게 썼다. "만약 내 마케팅 연구 수업을 수강하면서 그런 설문조사를 기획했다면, 낙제를 당했을 것이다."[23]

좋은 설문조사는 중립적인 질문을 던진다. 말은 쉽지만 실제로는 만만치 않은 일이다. 질문 구성의 미묘한 차이만으로도 답변에 영향을 줄 수 있기 때문이다. 2014년 언론사 CNN과 여론조사 기관 갤럽이 동시에 테러에 관한 여론조사를 실시했다.[24] 둘 다 전화로 실시했는데, 집단의 크기도 엇비슷했고 대표성도 동등했다(대표성에 관해서는 나중에 더 자세히 설명하겠다). 하지만 CNN 여론조사에서는 테러가 큰 문제라고 대답한 비율이 14퍼센트였던 반면에, 갤럽 여론조사에서는 그렇게 대답한 비율이 4퍼센트에 지나지 않았다. 차이는 질문을 어떻게 구성했느냐와 관련이 있었다. CNN은 다음과 같이 닫힌 질문을 했다. "아래 항목들 중에서 오늘날 우리나라가 처한 가장 중요한 사안은 무엇인가?" 그리고 제시한 선택 항목 중에 경제와 기후변화 등과 함께 테러도 있었다. 반면에 갤럽은 선택 항목 없이 다음과 같이 열린 질문을 했다. "오늘날 우리나라가 처한 가장 중요한 문제가 뭐라고 생각하는가?" 구체적으로 떠오르게 해주지 않으면 사람들은 테러에 관해 별로 생각하지 않는다.

마찬가지로 킨제이의 성 조사에서도 질문 구성이 답변에 영향을 끼칠 위험이 있었다. 그는 응답자들이 진실을 말하도록 배려하고자 했지만, 실제 질문들은 반대 효과를 낳을 수도 있었다. "자위를 처음 했던 때가 언제였는가?"와 같은 질문이 그렇다. 이런 질문에 자위 경험이 없는 사람은 자기가 정상에서 벗어났다고 여기고 거짓말을 하기 쉽다.

하지만 킨제이를 찾아온 심문관 세 명은 직접 인터뷰에 참여해 본 결과, 성과 같은 민감한 정보를 수집하는 데는 최적의 질문 방식이라고 판단했다. 하지만 인터뷰를 직접 해보았다고 해서 성 조사에 관한 우려가 씻겨나가지는 않았다. 그들은 질문이나 상황과는 전혀 다른 문젯거리를 간파해냈다. 바로 표본의 구성이었다.

조사에서 빠진 사람들

통계학자들이 킨제이의 연구에 반대한 주된 까닭은 그 연구가 특정한 집단을 대상으로 삼았기 때문이다. 킨제이는 게이 바, 감옥 그리고 대학교에서 데이터를 수집했다. 킨제이의 방법은, 부드럽게 말해서 비전통적이었다. "우리는 그들과 함께 저녁식사 자리, 연주회, 나이트클럽, 극장 (…) 당구장, 선술집에 갔고 그들의 친구도 소개시켜달라고 했다."[25] 킨제이는 심지어 자기 자녀도 인터뷰했다. 약 9년 동안 킨제이는 발표할 보고서를 위해 1만 1,000명이 넘는 사람들의 성생활에 관해 조사했다. 남성 약 5,300명과 여성 6,000여 명이 그 대상이었다. 게다가 이 작업을 하는 데 동료 단 두 명의 도움을 받았는데, 실제로 인터뷰 작업을 하리라고 그가 믿은 사람이 둘뿐이었기 때문이다. 이렇게 셋은 오랜 기간 이곳저곳을 다니며 함께 작업했다.

이러한 과정 전체가 대단히 인상적이었을지 몰라도, 표본 조사의 관건은 양이 아니라 대표성이다. 바로 그런 면에서 킨제이의 연구방법에 문제점이 있었다. 보수적인 기독교 공동체, 공장 지대, 시골 마을 등 킨제이가 들르지 않았던(또는 거의 들르지 않았던) 장소가 많았다. 흑인들도 완전히 배제되었다.[26] 다른 집단들(동성애자들, 학생들, 중서부 지역 사람들)은 대표성이 부족했다. 요컨대 그 책에는 이 제목이 더 적절할지 모른다.《주로 미국 중서부 백인 남성의 성적 행동》.

지금도 가끔 특정 집단만을 상대로 설문조사가 이루어진다. 모디 총리의 새로운 정책에 관한 여론조사를 보자. 그는 자기가 의뢰해서 만든 앱으로 질문 항목을 공개했는데, 2016년에는 인도 인구의 30퍼센트만이 인터넷에 접속했다.[27] 그리고 접속한 사람들은 상류 계층이어서 현금 대신에 주로 신용카드를 사용했고, 모바일 인터넷을 이용하지 않는 사람들과 정치적 성향도 달랐다. 게다가 만약 총리를 좋아하지 않는 사람이라면 휴대폰에 그 앱을 되도록 설치하지 않으려 했을 것이다. 마지막으로 질문이 오직 힌디어와 영어로만 되어 있었기 때문에 이 두 언어를 구사하지 않는 수백만 명의 사람들한테는 조사에 응할 기회 자체가 없었다.

과학 연구 역시 특정 집단을 배제한 채로 진술을 일반화하기도 한다. 이를테면 심리학 분야는 서양 국가들의 연구가 주를 이룬다. 2008년에 발표된 한 논문에 따르면, 이전 5년 동안 무려 95퍼센트의 연구가 서양 국가의 실험 참가자들을 대상으로 이뤄졌으며, 그 연구들의 대다수인 68퍼센트는 미국에서 나왔다.[28] 그뿐 아니라 실험 참가자들도 매우 특정한 집단, 즉 대학교의 심리학과 학생들이었다. 심리학과 학생은 쉽게 구할 수 있는 데다 때로는 과자 한 봉지만 줘도 연구에 기꺼이 참여한다.

심리학자 조지프 헨리히Joseph Henrich와 그의 동료들은 심리학의 표본은 'WEIRD'(영어 단어로서 기이한, 괴상한 이라는 뜻 - 옮긴이)라고 주장했다. Western(서양인), Educated(교육받은 사람), Industrialized(산업화된 지역 사람), Rich(부유한 사람), Democratic(민주주의 국가 국민)을 대상으로 한다는 뜻이다.[29] 연구 결과는 종종 '모든 이'로 일반화되지만, 사실 WEIRD인 사람들은 다른 집단과 판이할 수 있다.

이는 아주 기본적인 심리학 현상에서도 드러난다. 어느 선이 더 길어 보이는지 묻는 뮐러-라이어Müller-Lyer 착시 현상을 예로 들어 보자. 다음 왼쪽 그림에서 A와 B를 보면 대다수에게 선 A가 길어 보인다. 실제로 두 선은 길이가 같은데, 오른쪽 그림의 두 선도 마찬가지다. 그런데 WEIRD가 아닌 사람들을 대상으로 한 추가 연구에 따르면, 모두가 이 착시에 빠지지는 않는다. 예컨대 칼라하리 사막의 한 부족은 두 선의 길이 차이를 느끼지 못했다.[30]

뮐러-라이어 착시 현상

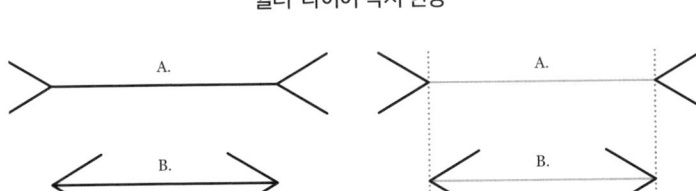

표본에서 특정 집단을 배제하면 위험성이 매우 큰 결과를 초래할 수도 있다. 1990년대까지 대다수의 약은 먼저 남성을 상대로 그 효과를 실험했다.[31] 여성은 검사 기간 동안 임신할 위험이 있어서, 과학자가 이를 피하고 싶었기 때문이다. 게다가 여성은 호르몬이 매달 변하기 때문에 연구하기가 어렵다고들 알고 있었다. 1950~1960년대의 탈리도마이드Thalidomide 사건을 보면 이러한 실험의 위험성을 알 수 있다. 주로 진정 수면제로 사용되던 탈리도마이드가 입덧 완화에 탁월한 것으로 알려졌는데, 이 약을 복용한 임산부들 중 대부분이 기형아를 낳는 사태가 일어난 것이다.

여성은 특정 약물에 남성과 꽤 다른 반응을 나타낼 수 있다. 2001년 미국 회계감사원이 부작용 때문에 회수된 의약품을 조사했더니 의약품 열 종 가운데 여덟 종이 남성보다 여성에게 더 큰 영향을 끼쳤다. 이런 의약품들 가운데 네 종은 여성에게 더 자주 처방되었지만, 나머지 네 종은 두 성에 동등하게 사용되었는데도 여성이 부작용을 더 크게 겪었다. 예를 들어 포시코Posicor라는 약은 노령 여성들의 심장박동을 늦추거나 멈추었지만, 노령의 남성한테는 그런 현상이 나타나지 않았다.[32]

다행히도 지난 몇 년 동안 변화가 일어났다. 미국과 유럽연합이 의학 실험에서 여성을 더 잘 대변해주는 결과를 낳는 입법을 시행했다. 그렇다고 해서 어떤 특정 집단을 표본에서 배제하면 매우 위험할 수 있다는 사실 자체가 바뀌지는 않겠지만.

인터뷰 집단이 너무 소규모다

표본의 크기가 연구의 대표성을 보장해주지는 않는다. 하지만 표본의 크기는 중요하다. 아치 코크런이 수용소에서 했던 연구를 예로 들어보자. 나중에 코크런은 그 연구야말로 자신의 가장 성공적인 임상실험이라고 자부했다. 독일인의 도움을 받아 부종을 퇴치해낼 수 있었으니까. 한편으로는 최악의 임상실험이라고도 여겼다. 한 집단에 열 명 다른 집단에 열 명, 총 스무 명만을 대상으로 실험했기 때문이다.[33]

표본이 부족하면 극단적인 결과가 나올 가능성이 무척 크다. 여러분이 집 밖에 나가서 처음 만난 사람한테 말을 건다고 해보자. 그 사람은 여자다. 다음에 만난 사람한테 말을 걸었는데 역시 여자다. 이 표본을 갖고서 모든 사람이 여자라고 결론 내린다면 얼마나 터무니없는가. 말 걸기 시도를 더 오래 해서 더 많은 사람에게 말을 걸면 전체 표본이 여자일 가능성은 더 낮아질 것이고, 표본은 일반적인 남녀 성비에 가까워질 것이다. 따라서 작은 표본을 바탕으로 조사하는 것은 좋은 발상이 아니다. 여러분이 관심 있는 집단의 참모습에서 크게 벗어난 결과가 나오기 쉽다.

특히 작은 연구집단 두 군데를 비교할 때 그런 단점이 극명하게 드러난다. 한 집단이 다른 집단과 상당히 다를 가능성이 높은데, 작은 집단에서는 하나의 이상치가 쉽사리 결과를 왜곡할 수 있기 때문이다. 심리학자 에이미 커디Amy Cuddy의 연구를 살펴보자.[34] 커디 연구팀은 사람의 자세가 정신이나 신체에 중요한 영향을 끼치는지 조사했다. 힘찬 자세(탁자 위에 한 발을 올려놓거나 양팔을 벌린 자세)는 큰 영향을 끼쳤다. 실험 참가자들은 힘찬 자세를 하면 강해진 느낌이 들었을 뿐만 아니라, 그 자세는 생물학적 효과도 있었다. 커디가 '지배 호르몬'이라고 부르는 테스토스테론의 수치가 높아졌고, 스트레스 호르몬인 코르티솔은 낮아졌다. 이 주제를 다룬 커디의 TED 강연은 모든 시대를 통틀어 가장 인기 있는 강연 중 하나이며, 출간한 책은 베스트셀러가 되었다.

하지만 그 연구는 소규모 집단을 바탕으로 이뤄졌다. 실험 참가자가 고작 42명이었던 것이다. 다른 과학자가 200명을 대상으로 커디의 실험을 재현했더니, 조금은 실망스러운 결과가 나왔다. 실험 참가자들이 강해졌다고 느끼긴 했지만, 호르몬 수치에서는 차이가 드러나지 않았다.[35]

소규모 표본의 연구는 지금도 신경과학과 같은 분야에서 버젓이 실시된다. 표본을 대규모로 모으려면 비용이 많이 들기 때문이다.[36] 인간의 정신, 건강, 발달을 이해할 수만 있다면 연구자들이 과녁에서 크게 벗어날 위험을 감수하는 주된 이유다.

무작위 표본, 문제의 해결책인가?

세 통계학자는 성연구소에서 닷새를 머문 뒤 돌아가서 결과 보고서를 작성했다. 연구소에서 킨제이와 논의하는 동안 그들은 칠판에 공식과 수치들을 끝도 없이 적어가며 그의 연구가 대표성이 없음을 이해시키려고 노력했다. 킨제이 교수는 그런 견해에 완강히 반대했지만, 통계학에는 문외한이어서 제대로 된 반박을 거의 하지 못했다.

킨제이는 통계학자들이 곧 작성을 마칠 보고서가 신경 쓰인 나머지 뉴욕으로 가서 조지 갤럽George Gallup에게 조언을 구했다. 당시 갤럽은 여론조사 분야에서 독보적인 전문가였다. 1936년, 1940년 그리고 1944년에 갤럽은 미국 대통령 선거의 당선자를 정확하게 예측해냈다. 하지만 1948년에는 틀린 예측을 내놓고 말았다. 바로 《시카고데일리트리뷴》이 확신에 차서 대담한 표제로 듀이의 당선을 발표하도록 만든 장본인이 갤럽이었다.

그사이에(1948년 갤럽이 틀린 여론조사를 내놓은 때와 1950년 세 통계학자가 킨제이 연구소에 찾아온 때 사이 – 옮긴이) 이 불명예스러운 사고를 초래했을 법한 이유를 갤럽은 확실히 알아차렸다. 바로 표본 할당 수가 문제였다. 갤럽은 여론조사원들을 전국 각지로 보내면서, 시골 중산층 여성과 같은 '유형들'의 목록을 손에 쥐여주었다. 그리고 이 조사원들에게 각 유형당 최소 개수의 설문지를 수집하게 했다.

갤럽의 방법은 우리가 앞서 보았던 문제들을 해결할 논리적 결론인 듯 보였다. 표본에서 아무도 배제하지 않으면서 충분한 데이터를 수집할 수 있도록 할당한 것 같았으니까. 오늘날의 여론조사 기관도 똑같이 각 나라나 각 주의 사람들에게 연락하여 젠더와 연령대별로 균형 있게 상황을 파악하려고 한다. 그리고 수치를 수집한 뒤에는 특정 집단이 과다 대표 또는 과소 대표되었다면 수정을 한다. 예를 들어 여성이 너무 적으면 여성 응답자가 내놓은 답변에 더 높은 가중치를 준다. 이처럼 수정을 거치면 데이터의 대표성을 높일 수 있다.

그래도 갤럽의 할당 방법에는 문제점이 하나 있다. 어떻게 여론조사를 했는지를 적은 한 여론조사원의 보고서에 이 문제점이 분명히 드러난다. 1937년에 이 여론조사원은 교육 수준이 낮은 남성들에 관한 조사 할당 수를 채우려고 건설 노동자들을 인터뷰했다. 조사원은 점심시간에 건설 노동자들을 만나 "독일과의 조약에 찬성하십니까 반대하십니까?"라고 물었다. 그리고 옆 사람들에게도 "당신, 당신, 그리고 당신은 어떻게 생각하십니까?"라고 물었다.[37] 부유층에게는 이 방법이 잘 통하지 않았다고 조사원은 밝혔다. "용기를 내어 마을의 멋진 구역에 찾아가 어느 집이 가장 접근하기 쉬워 보이는지 알아내야 합니다." 하지만 감시견이 여론조사원을 쫓아내면 어떻게 하는가? 또는 교육 수준이 낮은 사람들이 점심시간에 집에 있다면? 이들은 쉽게 접근할 수 있는 조사 대상자와 견해가 다를 수 있는데도 여론조사 데이터에 포함되지 않았다.

할당 방법(그리고 현대의 많은 여론조사 기관의 가중치 적용 방법)의 오류는 여러분의 견해가 소득, 젠더, 나이와 같은 단 몇 가지 (쉽게 측정 가능한) 요인에 의해 영향을 받는다고 가정한다는 데 있다. 실제로는 이런 요인들과 더불어 성격, 장래희망, 어린 시절의 경험, 성적인 기호, 가장 친한 친구 등이 영향을 끼친다. 그런데 이런 요인들에 끝이 있을까? 따라서 무엇이 여러분의 의견에 영향을 끼치는지 그리고 (특히) 어떤 요인을 여론조사 기관이 조정해야 하는지는 결코 분명하지 않다.

따라서 할당 방법을 통해 모은 표본은 킨제이에게 좋은 대안이 아니었을 것이다. 그렇다면 어떻게 연구를 실시해야 했을까? 세 통계학자는 답을 알고 있었다. 바로 무작위 표본이다. 존 튜키는 킨제이가 전화번호부에다 바늘을 마구 찔러대서 이름에 구멍이 난 사람들을 모조리 인터뷰하는 편이 낫다고 주장했다. 그는 킨제이에게 "저라면 교수님의 조사 기록 18,000건 전부를 확률 표본 400건으로 바꿀 겁니다"라고 말했다.[38]

무작위 표본은 지금도 가장 올바른 표본 조사 방법으로 통한다. 누구에게나 연구에 참여할 기회를 동등하게 주므로 인구 유형이 골고루 잘 섞이기 때문이다.[39] 통계청과 같은 기관은 시민들에 관한 서류를 갖고 있는데, 이 데이터집합에서 무작위 집단을 선별하면 된다. 1948년에 굴욕을 겪은 뒤 갤럽과 동료 여론조사원들은 무작위로 표본을 추출했다. 당시 궁지에 몰려 있던 킨제이는 그걸 배우고 싶었다. 하지만 무작위 표본이 정말로 훨씬 더 나았을까?

어느 날 뉴욕에서 갤럽은 걱정 많은 킨제이에게 그 방법에 관해 여러 시간 동안 조언을 해주었다. 그러고는 통계학자들의 비판에 그다지 신경 쓰지 않아도 된다며 킨제이를 안심시켰다. 바로 모든 사람이 조사에 참여할 수 없다는 단점은 변하지 않기 때문이었다.

참여하고 싶지 않은 사람들

갤럽과 동료 조사원들이 무작위 표본추출법을 사용하려고 시도했더니, 곧 단점이 분명히 드러났다. 어떤 사람들은 집에 없거나 참여하길 원치 않았다. 무작위 표본은 과학적으로 타당할지 모르지만, 갤럽과 같은 조사원들은 인내심이 많지 않았다. 돈을 벌어야 했기 때문에 조금 대표성이 낮은 방법이라도 만족해야 했다.

 이처럼 대표성이 있는 집단을 확보했더라도 '무응답'의 문제로 그 집단이 꼭 대표성이 있다고 보기 어렵다. 킨제이의 연구 주제(성)의 경우 사람들이 협조를 거부할 가능성이 특히 높았다. 예를 들어 대학교에서 킨제이가 여학생을 인터뷰하고 있을 때 남학생들은 문 밖에서 기다려야 했을 것이다. 후속 질문은 조사 대상에게 성 경험이 있어야 계속 이어졌고, 그 사실을 남학생들도 알았을 것이다. 따라서 여학생이 한 시간 이상 인터뷰를 했다면(빙고!) 성 경험이 있다는 뜻이었다.[40] 당연히 여학생들은 킨제이의 연구에 참여하기가 조심스러울 수밖에 없었다.

만약 너무 많은 사람이 참여를 거부한다면 무작위 표본은 단번에 쓰레기통에 던져질 수 있다. 2015년 《뉴욕타임스》의 표제를 보자. "네 명 가운데 한 명의 여성이 교정에서 성폭행 경험"[41] 여학생 25퍼센트라니! 충격적인 결과다. 하지만 다행히 수치가 너무 높아 사실로 보기 어려울 듯하다. 《뉴욕타임스》가 출처로 삼은 288쪽짜리 원래 연구 보고서를 살펴보자.[42] 조사에 참여한 대학교는 고작 27곳이었는데, 미국의 총 대학교 수에 비하면 낮은 비율이었다. 게다가 여학생 77만 9,100명에게 접촉을 시도했지만, 15만 72명만이 설문지를 작성했다. 달리 말해 19.3퍼센트만이 실제로 참여했다.

여기까진 괜찮다. 만약 설문을 거부한 모든 사람의 의견이 실제로 참여한 사람들과 크게 다르지 않다면 걱정할 일이 전혀 없다. 하지만 거부한 사람들은 여러 가지 이유에서 의견이 다를 수 있다. 성폭행 피해를 겪지 않은 여성들은 굳이 시간을 들여 설문지를 작성할 필요를 느끼지 않을 것이다. 이때 참여하지 않은 80퍼센트 모두 성폭행이나 성적 학대를 경험하지 않았다면 어떻게 될까? 그렇다면 피해자 비율은 25퍼센트에서 5퍼센트로 낮아질 것이다. 한편 그들이 전부 '예'(성폭행을 당했다)라고 답했다면, 수치는 85퍼센트까지 높아질 것이다.[43] 성폭행과 같은 심각한 주제일 경우 우리는 수치를 섣불리 믿지 않아야 한다. 연구자들도 그런 단점을 분명하게 밝혔다. 하지만 《뉴욕타임스》는 선정적인 표제에 맞는 내용만

추렸다.

 이것이 무작위 표본을 요구했던 세 통계학자에게 킨제이가 반대한 이유였다. 하지만 참여하고 싶어하지 않는 사람들에게 전혀 다가가지 않는 것도 해결책이 아니었다. 성폭행 조사처럼 거부 집단의 응답이 중요하기 때문이다. 이 누락된 정보야말로 킨제이의 성 연구를 믿을 수 없게 만들었을 뿐만 아니라 그 연구가 얼마만큼 믿을 수 없는지 파악하기도 불가능하게 만들었다.

오차범위를 간과하다

어설픈 질문, 특정 집단 배제, 너무 작은 표본, 무응답이라는 네 가지 이유로 여론조사는 현실을 정확하게 반영하지 못한다. 하지만 질문이 스위스보다 더 중립적이고 표본이 대표성이 있으며 규모가 크더라도 해결할 수 없는 문제가 기다리고 있다. 즉 모두를 조사할 수는 없다는 점이다. 전체 집단의 일부만 인터뷰할 수밖에 없는데, 바로 그것이 표본의 기본 개념이다. 표본이 작을수록 전체 인구를 그대로 반영하기 어렵다. 만약 킨제이가 무작위 표본을 사용했더라면 동성애자의 수가 어느 때는 조금 많이 나오고 또 다른 때는 조금 적게 나왔을 것이다. 또는 외도자의 수도 더 적었을 수 있다. 누가 집단에 속하는지에 따라 결과가 달라지기 때문이다.

따라서 여론조사는 늘 오차범위를 둔다. 오차범위는 참값이 표본에서 얻은 결과에서 얼마나 벗어날 수 있는지 알려준다.[44] 표본이 클수록 (경험법칙상으로) 오차범위는 작아진다. 오차범위의 정확한 값을 계산하는 공식이 있기는 하지만 더 쉬운 방법도 있다. goodcalculators.com 같은 웹사이트에서 무작위 표본의 오차범위를 알려주는 온라인 계산기를 이용하면 된다.

킨제이가 표본을 무작위로 골랐다고 가정해보자. 응답자들 중 50퍼센트가 외도를 했다고 결론 내리면, 그 시점에서 오차범위는 얼마나 커질까? 만약 인터뷰 대상자가 100명이었다면, 외도를 한 응답자의 실제 비율은 10퍼센트포인트 높거나 낮을 수 있다.[45] 그렇다면 오차범위의 전체 구간은 무려 20퍼센트포인트다. 하지만 표본이 5,300명으로 이루어졌다면, 오차범위는 고작 1.3퍼센트포인트였을 것이다(여기서 1.3퍼센트포인트는 표본의 수와 오차범위에 관한 통계 공식에서 나온 결과인데, 저자는 굳이 공식을 언급하진 않는다-옮긴이).

언론에서는 표본의 오차범위를 밝히지 않을 때가 자주 있는데, 특히 선거에 관한 조사일 때 그렇다. 선거 여론조사는 2~3퍼센트포인트쯤 빗나갈 수 있지만, 때로는 작은 변화라도 신문 칼럼과 TV 토크쇼에서 매우 중요하게 다루기도 한다.

2016년 많은 신문이 미국 선거에 관한 여론조사가 크게 틀렸다고 주장했지만, 오차범위를 고려한다면 그렇다고 볼 수도 없다. 일부 주에서는 여론조사원들이 확실히 엉터리 조사를 했다. 위스콘신의 경우 트럼프의 당선 확률은 밀워키에 있는 마케트로스쿨 Marquette Law School의 여론조사 예측보다 6퍼센트포인트가 높았다. 또한 밀워키 교외에서는 무려 10퍼센트포인트가 높았다.[46]

하지만 대체로 여론조사 예측은 꽤 정확했다. 일반 투표(전체 미국 인구 기준 투표[47]) 결과를 보면 트럼프는 여론조사 예측치보다 고작 1~2퍼센트포인트 더 많은 표를 얻었는데, 이는 ABC 뉴스나 《워싱턴포스트The Washington Post》처럼 여론조사를 의뢰한 유명 언론사가 밝힌 오차범위 이내였다.[48] 따라서 오차범위를 고려했다면 트럼프의 당선은 전혀 놀랄 일이 아니었다. 게다가 여론조사와 선거 결과의 차이는 2012년 오바마의 당선 때보다 훨씬 작았는데, 그때는 아무도 수치에 불만을 터뜨리지 않았다.[49] 2016년에 잘못한 쪽은 여론조사기관이 아니라 언론이었다.

여기서 교훈은 무엇인가? 수를 모을 때 대체로 결과가 정확할 수는 없다. 수를 진리의 완벽한 표현이라고 여기지 말고 마치 김이 서린 안경으로 사물을 보는 것처럼 여기는 편이 좋다. 수로는 세상의 윤곽을 볼 수는 있지만 실제 모습이 어떤지는 정확하게 파악할 수 없다는 말이다.

우리가 비율을 이야기할 때

"짧게 알려드릴 게 있습니다." 네덜란드 여성 앵커 디오니 스탁스 Dionne Stax가 2015년 3월 18일 TV 방송에서 입을 열었다.[50] "정확한 용어는 사실 '퍼센트포인트percentage point'이지만, 오늘 밤에는 그 용어를 쓰지 않고 그냥 퍼센트라고 하겠습니다. 알아듣기 쉬우니까요."

때만 되면 어김없이 문제가 되는 사안이다. 매번 선거일 밤에 사람들은 '퍼센트'라는 단어를 부정확하게 사용하는 것에 불평을 터뜨린다. 네덜란드 지방선거에서도 다르지 않았다. 스탁스가 TV에서 선거 결과를 논했는데, 곧 어떤 트위터가 그를 비판했다. 이유는 '퍼센트'와 '퍼센트포인트'를 뒤섞어 썼다는 것이다.

두 단위의 차이는 무엇일까? 어느 한 정당이 이전 선거에서 전체 투표의 5퍼센트를 얻었고 이번 선거에서는 10퍼센트를 얻었다고 하자. 이 경우 스탁스는 5퍼센트 증가라고 말했을 것이다. 하지만 사실은 틀린 말이다. 비율이 두 배가 되었으니 100퍼센트만큼 증가했다. 만약 스탁스가 의미한 대로 말하고 싶으면, 5퍼센트포인트 증가라고 해야 한다.

특별한 결과가 필요한 사람들

킨제이의 연구소를 방문한 지 3년 뒤인 1954년에 세 통계학자 모스텔러, 코크런, 튜키는 338쪽짜리 성 연구에 관한 비평 보고서를 발표했다. 세 학자의 결론에 따르면 킨제이가 인상적인 연구를 수행하긴 했지만 표본이 미국 남성을 제대로 반영하지 못했다. 그 사이에 킨제이는 동일한 방법으로 여성의 성생활에 관한 연구를 발표했다. 이번에도 표본에 대표성이 없었기 때문에 다시 왜곡된 견해를 내놓았다. 하지만 그런 점은 중요하지 않았다. 1997년에 킨제이의 전기 작가 제임스 존스James Johns는 이렇게 썼다. "대다수 미국인은 대학 교수가 무슨 생각을 하는지에 잔뜩 관심이 쏠려 있었다. 사람들은 킨제이가 미국 여성에 관해 무엇을 알아냈는지 듣고 싶어했다."[51]

오늘날에도 사람들은 킨제이의 성 연구를 두고 열띤 토론을 벌인다. 논의 주제는 연구의 대표성이 아니라 남성에 관한 킨제이의 보고서 5장에 나오는 놀라운 도표 네 가지다. 도표는 317명의 사내아이들을 다루는데, 나이가 가장 많은 아이가 열다섯 살이고 가장 적은 아이는 고작 생후 2개월이다. 첫 번째 도표는 오르가슴을 경험한 비율을 나타낸다. 두 번째에는 오르가슴에 도달할 때까지 걸리는 시간이 나온다(평균 3.02분). 세 번째와 네 번째 도표에는 관찰 기간 동안 길면 24시간까지 지속될 정도로 여러 차례 오르가슴을 느낀 아이들을 다루고 있다. 도표에 딸린 글에는 그 데이터를 아홉 명한테서 모았다고 적혀 있다. 하지만 2005년에 드러난 바에 따르면 거짓말이었다. 그 데이터를 제공해준 사람은 단 한 명이었다.[52] 킨제이가 그 사람을 보호해주려고 마치 여러 명의 정보 제공자가 있는 척 꾸민 짓이었다.

어떻게 된 사연일까? 어렸을 때 이 X라는 사람은 할머니 및 아버지와 섹스를 했다.[53] 이때부터 그의 성도착 인생이 시작되었다. 그 사람에 관한 첫 언급은 1972년에 킨제이의 동료가 남겨놓았다. 그 해에 X는 킨제이의 동료한테 연락하여 이렇게 밝혔다고 한다. "사춘기 이전의 남성 600명 및 사춘기 이전의 여성 200명과 관계를, 무수히 많은 성인 남성 및 여성과 성관계를 그리고 여러 종의 동물들과도……."[54] X는 이런 다양한 만남을 자세히 기록해두었다고 한다.

킨제이는 이 기록을 과학 데이터의 보고라고 보았다. 킨제이는 X에게 보낸 편지에 "오랫동안 데이터를 수집한 당신의 연구 정신을 치하합니다"라고 썼다. X는 공무원이었는데 업무상 출장이 잦았다. 그는 출장 때마다 호텔 방의 벽에 구멍을 뚫어 옆 방 투숙객의 동태를 살피고 자신이 목격한 온갖 성적 활동을 기록했다. 킨제이는 "(저는) 호텔 관찰 이야기에 흠뻑 빠졌습니다"라고 썼다. 킨제이는 그런 데이터를 이용해도 아무런 문제가 되지 않는다고 여겼고, 연구자로서 사실을 모으는 것이야말로 자신의 임무라고 믿었다. 도덕적 판단은 관심 밖이었다.

하지만 킨제이는 요점을 놓쳤다. 연구자는 늘 도덕적 판단을 내린다. 연구자는 어떤 주제가 중요한지, 응답자를 어떻게 다룰지, 수집한 정보를 최종적으로 어떻게 처리할지 선택한다. 데이터를 여러 명한테서 수집했다는 킨제이의 거짓말은 연구자로서 절대 해서는 안 될 실수였다. 아동학대에 관한 수치를 제공받은 것은 누가 봐도 도덕적으로 문제가 있었다. X를 동료로 취급했으니 킨제이는 그의 행동을 암묵적으로 승인한 셈이었다.

또 다른 문젯거리도 있었다. 킨제이는 나름의 사명이 있었다. 나비넥타이 차림의 겉으로는 꽤 객관적으로 보이는 이 교수는 수십 년 동안 장막 뒤에서 자신의 성정체성 문제로 씨름해왔다. 제임스 존스의 전기에 따르면 킨제이는 남성과 정사를 벌였고, S&M(사도마조히즘)을 실험했으며, 대학교 동료들한테 개방적인 결혼을 권장했다. 킨제이는 당시의 보수적 성 규범 때문에 사람들이 자신들의 참모습으로 살지 못한다고 여겼다. 심지어 소아성애가 사람들의 생각처럼 나쁘기만 한지 의문을 표했다. 그는 가끔 어느 동료에게 성인과 아동의 성적 접촉은 유익할 수 있다고도 했다.

2004년 리엄 니슨Liam Neeson이 주연을 맡은 영화 〈킨제이 보고서Kinsey〉가 극장에서 개봉되자, 킨제이의 1948년 성 연구는 다시 논란의 불길에 휩싸였다. 성적 자유의 신봉자들은 킨제이를 성혁명, 피임약, 낙태, 동성애자 운동의 개척자라고 추켜세웠다. 반대자들은 그에게 혐오스러운 성 규범을 사회에 퍼뜨렸다며 비난을 퍼부었다. 어느 편에 서든지 간에 킨제이의 데이터가 객관적이지 않다는 사실은 감출 수 없다. 그 데이터는 개방적인 성 규범을 깨뜨려야 한다는 사명감의 영향을 받았다. 따라서 우리는 어떻게 수치를 모았는지만 묻지 말고 누가 모았는지도 물어야 한다.

결과적으로 볼 때, 대표성이 없는 킨제이의 수치들은 그의 직감을 확인해주었다. 사람들의 실제 행동은 규범이 지시하는 바와는 상당히 다르다는 것을 말이다. 그의 연구는 도표라는 과학적 외투를 뒤집어쓴 행동주의activism의 산물이었다.

4장
흡연이 폐암을 일으킨다는 분명한 사실이 의심받은 이유

오늘날 사람들은 상관관계를 인과관계와 혼동한다. 두 현상 간에 관련성이 있기 때문에 자동으로 한 현상이 다른 현상의 원인이라고 여기는 것이다. 그리고 담배 업계는 이기적인 이유로 이를 이용했다.

1953년, 담배 업계가 곤경에 처했다.[1] 필립 모리스Philip Morris & Co., 유나이티드 스테이츠 토바코 컴퍼니United States Tobacco Company를 비롯해 여러 담배 제조사들의 주가가 급락했다. 직접적인 이유는 암 연구자인 어니스트 와인더Ernest Wynder와 그 동료들의 발표 때문이었다. 그들은 낙타털로 만든 붓으로 흰 생쥐의 면도한 등에 담배 타르를 칠하여 담배의 위험성을 알렸다.[2]

이 실험 결과는 충격적이었다. 실험군의 생쥐들 중 44퍼센트가 암에 걸렸다. 타르를 칠한 생쥐 81마리 가운데 고작 10퍼센트만이 20개월 이후까지 생존했다. 타르를 칠하지 않은 대조군에서는 암 발병이 단 한 건도 없었고, 53퍼센트의 생쥐들이 20개월 이후까지 살아 있었다. 《뉴욕타임스》와 《라이프LIFE》 그리고 굉장한 인기를 누리던 《리더스다이제스트Reader's Digest》가 이 실험을 불편한 논조로 다뤘다. 《리더스다이제스트》의 기사는 다음과 같은 단호한 제목이 붙었다. "고작 담배 한 갑 때문에 생긴 암."

담배 업계의 거물들은 세간의 분노를 더 이상 무시할 수 없어 그해 12월에 뉴욕 센트럴파크에 있는 플라자호텔 오크룸Oak Room의 높은 천장 아래 모였다.³ 이 유명한 식당에서 거물들은 비판적인 연구자들로부터 담배 업계를 지켜낼 방안을 찾았다. 도와줄 사람으로는 미국에서 가장 힘 있는 홍보회사 중 하나인 힐앤드놀턴Hill and Knowlton의 CEO 존 힐John Hill이 적임자였다. 담배 업계 거물들은 그의 도움을 받아 와인더와 동료들이 제기한 비난이 과학적 근거가 없다고 대중을 설득하고 싶었다. 그러면 담배에 관한 모든 염려가 터무니없다고 밝혀질 터였다.

1954년 1월 4일 거대 담배회사들은 담배산업연구위원회Tobacco Industry Research Committee를 설립하고 본격적인 활동에 들어갔다.⁴ 그 회사들은 400곳 이상의 신문에 전면광고를 실어 자기들의 제품이 해롭지 않다고 대중들을 설득했다.⁵ 담배회사들의 주장에 따르면 사람들이 담배를 즐겨온 수백 년 내내 '인체의 거의 모든 질병에' 담배가 원인이라는 비난이 줄을 이었으며, 이번에도 그런 비난은 의학 증거 부족으로 꼬리를 내릴 것이었다. 하지만 해롭다는 의혹이 불거진 사실만으로도 담배회사들은 심각한 우려를 느낀다고 밝혔다. 그래서 담배회사들은 공동으로 '흡연이 건강에 끼치는 모든 영향'을 연구하겠노라고 선언했다.

이는 이후 50년 동안 숱한 목숨을 앗아갈 음모의 시작이었다. 나중에 미국 법무부는 바로 12월의 그 악랄한 날에 담배회사 거물들이 "흡연이 건강에 끼치는 영향에 관해 미국 대중을 속이기로"[6] 결심했다고 주장했다.

하지만 담배 업계만이 속임수를 부리진 않았다. 수천 명의 과학자도 속임수에 가담했다.

통계로 거짓말하기

담배 업계의 전면광고가 등장한 해에 대럴 허프Darrell Huff가 《새빨간 거짓말, 통계How to Lie with Statistics》를 출간했다.[7] 142쪽짜리 이 책은 수에 관한 가장 인기 있는 도서 중 하나다. 허프는 통계학자가 아니라 호기심에 가득 찬 기자였다.[8] 이진에는 사진, 직업생활, 개에 관한 내용으로 책을 썼는데, 이번에는 수의 오용 문제를 파고들었다. 그는 "사기꾼은 이 속임수들을 이미 알고 있다. 정직한 사람은 자기방어를 위해 그걸 배워야 한다"라고 썼다. 이 책은 엄청난 성공을 거두었는데, 영어판만으로 150만 부 이상이 팔렸다.

수에 관한 책 중에서 내가 가장 좋아하는 책이기도 하다. 허프는 유머를 써가면서 오늘날에도 벌어지는 실수를 이야기했다. 이를테면 대표성이 없는 여론조사와 오해의 소지가 있는 그래프 등을 다루었다. 그리고 또 하나의 실수를 소개했는데, 바로 상관관계를 인과관계와 혼동하기였다. 이는 두 현상 간에 관련성이 있기 때문에 자동으로 한 현상이 다른 현상의 원인이라고 여기는 실수다.

책 속 내용을 이야기해보자. '황새가 아기를 데려다준다'는 격언에 따라 어느 집 지붕의 황새 둥지 개수를 세면 그 집 아기의 수를 훌륭하게 짐작해낼 수 있다. 그러니까 아기와 황새 간에는 관련성이 있다. 하지만 결론부터 이야기하자면 아기는 하얀 몸통에 검은 날개깃을 지닌 그 새가 데려다주지 않는다. 둘 사이에 관련성(상관관계)이 있다고 해서 어느 하나가 다른 하나의 원인(인과관계)이라는 뜻은 아니다. 두 사안에 영향을 주는 또 다른 요인이 있을 가능성이 높다. 허프는 이렇게 썼다. "큰 집은 식구가 많거나 앞으로 많아질 가능성이 높은데, 집이 클수록 황새가 내려앉을 굴뚝 위의 통풍관이 더 많다."

이 실수를 알아차리는 일은 통계학자뿐만 아니라 우리 모두에게 중요하다. 대부분의 중요한 결정은 짐작되는 인과관계를 바탕으로 이루어진다. 정부가 예산을 감축하기로 결정하는 것은 그래야 공공 부채가 적어질 수 있다고 여겨서다. 흡연자가 담배를 끊은 까닭도 의사들이 담배를 끊지 않으면 폐암에 걸린다고 말하기 때문이다. 또한 나는 비행기를 덜 타려고 애쓰는데, 전문가들이 그래야 환경에 낫다고 말하기 때문이다. 결국 어떤 나쁜 일이 어떤 이유로 생기는지 알면 우리는 자신의 행동을 바꾼다.

그래서 상관관계와 인과관계를 혼동해서는 안 된다. 앞에서도 이 실수를 소개한 적이 있다. 정치인들은 피부색이 IQ 점수를 결정한다고 주장했고, 에이미 커디는 특정한 신체 자세가 호르몬 수치에 영향을 끼친다고 주장했다. 건강에 관한 뉴스보다 인과관계 오류가 더 난무하는 분야도 없다. 진토닉을 마시면 열이 내려간다느니,[9] 음모를 깎으면 성병에 걸린다느니,[10] 다크 초콜릿이 심장에 좋다느니,[11] 이런 이야기는 일상을 뒤덮는 온갖 건강 관련 보도 중 몇 가지 예일 뿐이다. 과장일 때가 많은 이런 말들은 부풀린 이야기를 퍼뜨리길 좋아하는 언론 때문만이 아니라 건강 관련 연구를 발표하는 대학교의 대외 홍보부서에서도 종종 시작된다. 페트록 서머Petroc Summer 연구팀은 생명의학 및 건강 관련 과학을 다룬 언론 보도와 영국의 스무 개 대학교에서 발표한 내용을 살펴보았다. 그 결과 대학 발표 내용 중 약 33퍼센트가 인과관계 주장을 과장했으며,[12] 언론 보도 중 약 80퍼센트가 이 과장된 주장들을 그대로 전했다.

언론 서비스 이용자들이 기자와 과학자를 전적으로 신뢰할 수 없다면 어떻게 사실을 거짓과 구별할 수 있을까? 예를 들어 흡연이 폐암을 일으키는지 어떻게 알 수 있을까? 《새빨간 거짓말, 통계》가 그 요령을 알려준다. 이 책에서 허프는 세 가지 유형의 '시건방진 상관관계'(내가 좋아하는 표현이다)를 소개한다. 이는 실제보다 더 대단한 척하는, 즉 인과관계인 척하는 상관관계를 말한다.

1. 그것은 우연이다

《보스턴 요리학교 요리책The Boston Cooking School Cook Book》이라는 책이 있다. 조너선 쇤펠드Jonathan Schoenfeld 박사와 존 이오아니디스John Ioannidis 박사는 그 요리책을 암 연구 분석의 출처로 삼았다.[13] 두 사람은 그 책에서 몇 가지 요리법을 무작위로 골라서, 그 요리법의 요리 재료 50가지를 순서대로 적었다. 그러고는 의학 연구 자료 저장소인 펍메드PubMed에 들어가 그 요리 재료 목록을 검색했다. 처음 알아낸 내용은 꽤 흥미로웠다. 50가지 재료 가운데 40가지가 한 건 이상의 연구에서 암과 관련이 있었다. 두 연구자는 궁금해졌다. '우리가 먹는 모든 것이 암과 관련이 있나?'

그다음에 알아낸 내용은 확실히 이상했다. 동일한 재료인데도 암 발생 위험을 증가시킨다는 연구 결과도 있었고 감소시킨다는 연구 결과도 있었다. 다시 말해 한 연구 결과는 와인이 건강에 좋다고 했고 다른 연구 결과는 와인을 입에 대지 않는 게 좋다고 했다. 쇤펠드와 이오아니디스는 적어도 10건의 연구에서 다룬 20가지 재료를 조사했다. 이 20가지 재료 가운데 토마토, 차, 커피, 쇠고기를 포함한 17가지 재료에서 상충되는 결론이 나왔다.

연구 결과들이 전부 옳을 수야 없겠지만, 어떻게 이런 상충된 결과들이 나올 수 있었을까? 이 질문의 답은 허프가 말한 시건방진 상관관계의 첫 번째 유형, 바로 우연의 일치다. 우연의 일치와 상관

암과 다양한 음식 및 음료 간의 상관관계

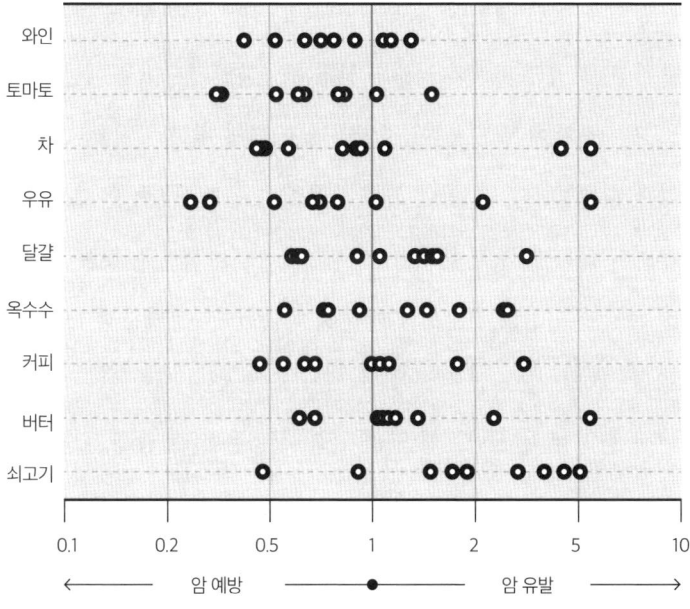

출처: Schoenfeld and Ioannidis(2013)

관계가 만날 때 어떤 일이 생기는지 점쟁이 문어에 관한 이야기로 알아보자.[14] 2010년 문어 폴Paul이 월드컵 경기 8건의 결과를 예측했다. 폴은 번번이 다리를 이용해 다음 경기에서 이길 축구팀의 깃발이 달린 음식 상자를 정확히 열었다. 수많은 기자가 흥분에 휩싸인 채 폴의 예측을 기다렸다. 네덜란드 팀과 에스파냐 팀의 결승전을 앞두고 폴은 네덜란드 팀의 패배를 예상했다. 그리고 폴은 유명

인사가 되었다. 에스파냐 오카르바이뇨O-Carballino시의 명예시민이 되었고, 2018년 월드컵 개최 유치를 시도했던 영국의 축구 대사가 되었으며, 이란 대통령 마무드 아마디네자드Mahmoud Ahmadinejad가 보기에 '서양의 퇴폐와 쇠퇴의 상징'이었다.

그런데 폴이 단지 운이 좋았다면 어떻게 될까? 폴이 8번의 경기를 순전히 운으로 맞힐 확률은 우리가 동전을 8번 던져서 전부 앞면이 나올 확률과 똑같다. 즉 1/256=0.4퍼센트다. 낮은 확률이긴 하지만 여러분이 로또에 당첨될 확률인 4,500만분의 1의 거의 20만 배다.[15] 월드컵 점쟁이 자리를 차지하려고 어떤 다른 동물들이 경쟁을 벌이고 있는지 알면, 폴의 성공은 덜 굉장해 보인다. 호저 레온Leon, 피그미하마 페티Petty 그리고 타마린원숭이 안톤Anton은 어땠을까? 이들도 월드컵 경기 결과를 예측했지만 동료인 폴보다 운이 덜 좋았다. 충분히 많은 동물에게 결과를 예측하도록 시킨다면 결과를 맞힐 동물이 언제나 하나는 있다.

상관관계도 마찬가지다. 충분히 오래 살펴보면 여러분은 틀림없이 어떤 관계를 생각해낼 것이다. 이를 가장 잘 설명한 사람이 정보 분석가 타일러 비젠Tyler Vigen이다. 그는 자신의 웹사이트인 '그럴싸한 상관관계들Spurious Correlations'에 발표한 이상한 상관관계들 덕분에 유명해졌다.[16] 그는 1년에 수영장에 빠져서 익사한 사람의 수는 니컬러스 케이지Nicolas Cage가 나오는 영화의 수와 맞먹는다는 것을 알아냈다. 그리고 치즈 소비 추세는 침대 시트에 뒤엉켜서 죽는 사람들의 수와 무서울 정도로 비슷했다.

비겐의 상관관계는 분명 터무니없지만, 그런 점 때문에 오히려 재미가 있다. 하지만 의학 연구의 상관관계들이 그처럼 쉽게 우연히 생긴다면 재미있다고 하기 어렵다.

만화가 랜들 먼로Randall Munroe의 웹 만화 xkcd를 보면 어떻게 그런 일이 생기는지 알 수 있다.[17] 말총머리를 한 막대형 인물이 이렇게 외친다. "젤리빈 과자를 먹으면 여드름이 나!" 다음 장면에서 두 과학자(연구용 안경을 쓴 인물과 종이 한 장을 들고 있는 인물)가 자기들의 연구 결과를 제시한다. 아무 관련성이 없다고 말이다. "여드름을 일으키는 건 어떤 색깔 때문이라고 들었는데요." 말총머리가 대답한다. 두 과학자가 다시 나와서 이번에는 자주색 젤리빈과 관련성이 없다고 알린다. 이어서 갈색, 분홍색, 파란색, 암청색, 선홍색, 빨간색, 청색, 자홍색, 노란색, 회색, 황갈색, 남색, 연보라색, 베이지색, 라일락색, 검정색, 복숭아색, 오렌지색 젤리빈도 관련성이 없다고 했다. 하지만 두 과학자는 한 가지 색이 정말로 관련성이 있음을 알아냈다. 마지막 장면에는 어떤 신문의 1면 내용이 나온다. "초록색 젤리빈이 여드름과 관계가 있다!"

앞에서는 표본 부족의 문제를 살펴보았는데, 이 만화는 과학에 난무하는 두 가지 문제를 보여준다. 첫째는 출판편향publication bias

이다. 우리는 유의미한 상관관계를 알아낸 연구만 듣게 되는 편이다. 많은 연구 분야에서 통하는 금과옥조대로, 유의미하지 않으면 중요하지 않다. 이는 과학자가 자신의 연구 내용을 언론에서 다뤄주기를 바랄 때뿐만 아니라 과학 저널에 발표하고 싶을 때에도 적용된다. 관련성이 없다는 결과가 나온 연구들은 대체로 서랍 속에 남아 있게 되고, 따라서 과학문헌에 왜곡된 이미지를 부여한다. 과학자는 연구 결과를 발표하길 바라므로 데이터에서 분명한 상관관계를 찾으려 한다. 그 자체로 잘못은 아니지만, 젤리빈 만화에서처럼 아주 오래 살펴보다 보면 늘 무언가는 발견하게 마련이다.

같은 만화 속의 신문 1면에는 이런 말도 나온다. "고작 5퍼센트의 우연의 일치!" 여기서 만화가 먼로는 p값$_{p-value}$을 말하고 있다. p값은 어떤 발견 내용이 얼마만큼 우연의 일치의 결과일지를 알려주는 값이다. 저명한 통계학자 로널드 피셔$_{Ronald\ Fischer}$의 공로 덕분에 20세기에 p값은 어떤 상관관계의 유의미성을 측정하는 독보적인 방법이 되었다.

여러분이 초록색 젤리빈과 여드름 사이에 인과관계가 있는지 조사하고 싶다고 하자. 아치 코크런이 했던 것과 같은 실험을 실시하면 인과관계 여부를 알 수 있다. 즉 실험 참가자들을 두 집단으로 나누어 한 집단한테는 한 달 동안 매일 초록색 젤리빈을 하나씩 주고 다른 집단한테는 초록색 속임약을 준다. 실험이 끝났을 때 속임약을 받은 집단 중에서는 10퍼센트가 여드름이 있다. 젤리빈 집단에서는 더 많은 사람에게 여드름이 생겼을 수 있는데, 물론 순전히 우연의 일치일 수 있다.

하지만 만약 젤리빈 집단에서 실험 참가자 100퍼센트가 여드름이 있다면 우연히 벌어졌다고 보기는 매우 어렵다. 그런데 90퍼센트는 충분히 높을까? 또는 50퍼센트라면? 어딘가에서 선을 그어야 한다. 젤리빈이 실제로 여드름을 전혀 일으키지 않았는데도 젤리빈 집단에서 여드름 환자들이 어느 정도 이상 발견될 가능성이 바로 p값이다. 만약 이 가능성이 합의된 문턱값(종종 5퍼센트) 아래이면, 젤리빈과 상관없는 여드름 환자가 나올 가능성이 너무 낮기에 그 상관관계를 '통계적으로 유의미하다'고 할 수 있다.

하지만 젤리빈이 여드름을 전혀 일으키지 않을 수 있다. 어느 한 연구의 p값이 5퍼센트라면, 총 시험 횟수의 5퍼센트 이내에서 놀라운 결과가 나올 가능성이 분명히 있다. 복권에 당첨될 확률이 매우 낮아도 언제나 당첨자는 있게 마련이다.

이제 숫자와 관련하여 과학계에 난무하는 두 번째 문제를 다룰 차례다. 오랫동안 여러 사회과학 분야가 p값에 편집증적으로 초점을 맞추었다. 과학 저널들이 유의미한 결과만 발표하길 좋아하는 데다가, 많은 연구자도 '발표하지 못하면 망한다'는 생각을 신조로 삼았다. 많이 발표하지 않으면 초라한 처지가 된다면서. 따라서 일부 과학자는 되도록 낮은 p값에 광적으로 목을 매기 시작했다. 이처럼 p값을 되도록 낮게 내리려고 무리하게 데이터에 조작을 가하는 행위를 가리켜 p해킹p-hacking이라고 한다.

전직 코넬대학교 교수 브라이언 완싱크Brian Wansink는 p해킹을 새롭게 생각했다. 그를 유명하게 만든 연구에 따르면, 아이들은 어린이 TV 프로그램 〈세서미 스트리트Sesame Street〉 스티커를 붙이면 사과를 더 잘 먹게 되고,[18] 사람들은 작은 접시를 이용하면 음식을 덜 먹는다고 한다.[19] 그의 연구 결과는 《뉴욕타임스》를 포함한 여러 언론에서 대단한 주목을 받았으며, 그는 조지 W. 부시 대통령 시절에 미 농무부에서 식품영양정보센터를 이끌기도 했다.

하지만 알고 보니 이 연구에는 허점이 가득했다. 2017년에 이메일이 유출됨으로써 완싱크 연구팀이 연구를 어떻게 수행했는지 확실하게 드러났다. 연구원 중 한 명은 이메일에서 뷔페 식당에서 얻은 데이터를 분석했는데, 아무런 결과도 얻지 못했다고 밝혔다. 완싱크의 이메일 답변은 이랬다. "내가 했던 흥미로운 연구 중에 뭔가를 처음 살폈는데 바로 데이터가 '얻어진' 적은 별로 없었지요."[20] 그는 동료에게 이런 아이디어를 제시했다. "이 관계가 성립하는지 알아내려면 데이터를 자르고 그 조각들을 해석할 다양한 방법을 최대한 많이 생각해보세요." 달리 말해 여드름과 관련이 있는 색을 찾을 때까지 모든 젤리빈을 연구해보라는 말이다.

갑자기 쇤펠드와 이오아니디스가 많은 음식이 암과 관련이 있음을 알아낸 결과가 그다지 이상해 보이지 않는다. 출판편향 때문에 관계가 있다는 걸 알아내지 못한 연구들은 결코 빛을 볼 수 없으므로 과학자는 되도록 낮은 p값을 갖는 상관관계를 찾아낼 수만 있다면 언제든지 p해킹을 저지를 수 있었다. 이 상관관계가 어느 경우에는 양성이고 다른 경우에는 음성인지 여부는 별로 중요하지 않았다. p해킹을 통해 유의미해 보이기만 한다면 말이다.

2. 한 요인이 빠져 있다

아치 코크런이 1941년 8월에 독일인들한테서 효모를 제공받자 포로수용소 내의 부종 환자 수가 급감했다. 하지만 환자 수 급감의 이유가 효모 때문인지는 확실히 말할 수가 없는데, 왜냐하면 코크런이 독일인들한테 제출한 요청서에는 '한꺼번에 많은 효모'뿐만 아니라 '되도록 빠른 식단 향상'도 들어 있었기 때문이다.[21] 독일인들은 두 요청 모두 기꺼이 받아들였다. 효모가 도착했고, 며칠 만에 포로들은 더 많은 음식을 제공받았다. 이제 포로들은 하루에 800칼로리(여전히 보잘것없긴 하지만)를 섭취했다. 부종 환자가 급감한 이유는 나아진 식단 때문일 가능성도 높았다.

또 하나의 사안이 있었다. 앞서 설명했듯이 코크런은 그 실험을 자신의 가장 성공적인 실험이자 최악의 실험이라고 불렀다. 집단의 크기가 너무 작았기 때문이다. 그는 또 하나의 이유를 댔다. 바로 자신이 틀린 가설을 검사했다는 것이다. 코크런은 발목과 무릎이 부은 것은 각기병 때문이라고 가정했다. 그래서 비타민 B(효모)를 갖고서 실험을 했던 것이다. 하지만 자서전에서는 각기병이 아니라 부종이 가장 개연성이 큰 원인이라고 적었다. 부종의 경우 해결책은 비타민 B의 섭취량을 늘리는 것이 아니라 더 많은 음식을 먹는 것이다. 그렇다면 왜 효모를 제공받은 환자들도 회복했을까? 그는 불가사의이긴 하지만 효모 속 단백질 덕분이라고 짐작했다.

위의 이야기를 통해 우리는 두 번째 시건방진 상관관계를 만난다. 즉 '원인'과 '결과' 둘 다에 영향을 끼치는 한 가지 요인이 빠져 있는 경우다. 코크런의 이야기에서 벌어진 상황이 바로 그렇다. 포로들은 효모 속에 들어 있는 비타민 B를 더 많이 섭취했고(원인) 부종에 덜 걸렸지만(결과), 이것이 비타민 B가 부종을 낫게 만들었다는 뜻은 아니다. 이는 황새와 아기 이야기에 비견된다. 이번에는 지붕의 크기가 아니라 더 많은 음식이 제3의 요인으로 작용했다.

또 하나의 예를 살펴보자. 허프의 책에는 흡연과 학교 성적에 관한 연구가 나온다. 이 연구 결과를 보면 흡연자는 성적이 낮으니 학생은 담배를 끊어야 할까? 허프는 말도 안 되는 소리라고 생각했다. 여기에도 어떤 이가 낮은 성적을 얻고 흡연을 하도록 만드는 다른 요인이 작용할 수 있다. 어쩌면 더 사교적인 사람들이 담배를 피우는 경향이 있는데, 이들은 사람들을 사귀느라 책 볼 시간이 부족할 것이다. 그렇다면 외향적이거나 내향적인 성격과 성적이 관련이 있었을까? 요점을 말하자면, 합리적인 이유가 여러 가지일 경우 입맛에 맞는 이유 하나를 골라서 우겨서는 곤란하다는 것이다.

똑같은 실수가 2015년에 3만 7,000명 이상의 유방암 환자를 대상으로 한 네덜란드의 대규모 연구에서 벌어졌다.[22] 언론 발표에 따르면 과학자는 이렇게 결론 내렸다. 종종 방사선 치료를 병행하는 종양절제술을 받은 여성들이 유방절제술을 받은 여성들보다 오래 산다고.[23] 이 주장은 언론의 큰 주목을 받았으며 동시에 네덜란드유방암학회는 유방절제술을 받은 여성들의 우려 섞인 질문 세례를 받았다. 여성들이 유방절제술을 받은 것이 실수였을까? 결국 방사선 치료를 받아야 할까? 사람들을 안심시키는 메시지가 곧 여러 병원 웹사이트에 올라왔고,[24] 그 연구를 실시했던 과학자는 뒤늦게 인과적 관련성을 찾지 못했음을 시인했다.[25]

쟁점은 특정 치료법이 선택된 이유(원인)와 생존률(결과)에 관련된 다른 요인이 많다는 점이다. 예를 들어 만약 환자에게 (심부전과 같은) 다른 질병이 있다면 유방절제술이 최선의 선택지였는데, 방사선 치료는 이미 약해진 신체에게는 과도한 처방이기 때문이다.[26] 결국 유방절제술을 받은 이 집단이 더 일찍 사망하는 경향은 그 수술이 아니라 전반적인 건강 상태의 악화와 관련이 있었다.

3. 거꾸로 된 인과관계가 있다

허프의 마지막 시건방진 상관관계는 인과적 관련성이 거꾸로 작용할 때다. 비가 올 때 많은 사람이 우산을 갖고 있다. 이 경우 우산이 비를 일으켰다고 말할 수 있을까? 당연히 아니다. 그 모든 우산이 등장하게 만든 요인은 비다.

하지만 원인과 결과가 늘 그렇게 분명하지는 않다. 부유한 사람이 주식을 많이 갖고 있을 때, 그 주식 때문에 부유해졌을까? 아니면 이미 돈이 많아서 그 주식을 살 수 있었을까? 둘 다 참일 수 있다. 인과성은 두 방향으로 작용할 수 있다. 누군가가 부유하다, 주식을 산다, 더 부유해진다, 주식을 더 산다, 이런 식으로.

'비만 역설'도 마찬가지다. 과체중인 사람들이 정상 체중인 사람들보다 생존률이 높을 때가 가끔 있다. 비만이 건강에 나쁘다고 알려져 있기에 놀라운 일이 아닐 수 없다. 과학자가 내린 결론에 따르면, 비만은 수명을 늘려주는 어떤 보호 기능이 분명히 있다. 그리고 아픈 사람은 살이 빠진다. 저체중은 꼭 건강 악화의 원인이 아니라 그 결과일 수 있는 것이다. 이 결론은 체중 감소를 감안하여 수행한 2015년의 한 연구에서 확인되었다.[27]

이처럼 상관관계가 자동으로 인과관계를 암시하지 않음을 기억하자. 왜냐하면 우연의 일치(시건방진 상관관계 1)나 빠진 요인(시건방진 상관관계 2) 또는 역인과성(시건방진 상관관계 3)이 작용했을지 모르기 때문이다. 그렇다면 인과성이 있다는 것을 어떻게 알 수 있을까? 구체적인 예를 들어보자면, 어떻게 우리는 흡연이 폐암을 일으킨다는 사실을 알아냈을까?[28]

베이컨 때문에 모두가 갑자기 당혹스러워할 때

2015년 봄, 소시지와 베이컨 같은 가공육 제품에 관한 뉴스가 떠들썩하게 발표되었다.[29] 네덜란드의 방송사 NOS의 보도를 들어보자. "가공육을 매일 먹는 사람들은 대장암에 걸릴 확률이 거의 스무 배 높습니다." 전 세계의 다른 언론사들도 이 뉴스를 전했다.

코미디언 아리연 뤼바흐Arjen Lubach의 표현대로 "어떻게 하면 최대한 베이컨이 발암성이 있다고 보도할 수 있을지 경쟁이 붙었다".[30] 예를 들어《메트로Metro》네덜란드판의 표제는 이랬다. "베이컨은 흡연만큼이나 발암 물질이다." 다음 날 표제는 더 과격해졌다. "먹어도 죽지 않을 수 있을까?" (만약 먹고도 용케 살아남는다면 당신이 최초일 것이라고 뤼바흐는 비꼬았다.)

NOS는 메시지를 조금 과장했다. "거의 스무 배"는 '거의 20퍼센트'라고 했어야 했다. 하지만 올바른 수치를 내놓은 언론사도 위험 조장에 동참했다. 그럴 만도 한 것이, 20퍼센트 증가도 꽤 높아 보였기 때문이다.

대다수의 보도에는 중요한 한 가지 내용이 빠져 있었다. 바로 무엇의

> 20퍼센트냐는 것이다. 데이터를 살펴보면, 네덜란드인 100명 중 6명이 인생의 어느 시기에 대장암에 걸린다.[31] 세계보건기구에 따르면 가공육 섭취를 중단하면 대장암에 걸릴 확률이 18퍼센트(여기서 '거의 20퍼센트'가 나왔다) 낮아진다.[32] 100명 중 6명에서 5명으로 바뀌는 셈이다. 건강 관련 뉴스는 종종 상대적 위험(거의 20퍼센트)에 관한 내용만 부각하고 절대적 관점(100명당 1명 증가)에서 무슨 뜻인지 알려주지 않는다.

히틀러가 수백만 명의 목숨을 구할 뻔했다?

흡연과 폐암에 관한 연구는 어떻게 시작되었을까? 앞서 소개했듯이 와인더와 동료들이 실시한 실험, 즉 타르를 생쥐 등에 발랐던 실험이 담배회사들을 뒤흔든 때가 1953년이었다. 하지만 흡연이 건강에 끼치는 위험에 관한 과학 연구는 훨씬 오래되었다. 일찍이 1898년에 독일의 의과대학생 헤르만 로트만Hermann Rottmann이 흡연과 폐암의 있을지 모를 관련성을 언급했으며, 1930년에 독일인 의사 프리츠 리킨트Fritz Lickint가 그런 상관관계를 통계로 처음 증명해낸 사람들 중 한 명이 되었다.[33] 아르헨티나인 의사 앙헬 로포Angel Roffo는 리킨트와 거의 같은 시기에 동물을 대상으로 최초의 실험을 실시했는데, 이 실험에서는 토끼 귀에 타르를 발랐다. 이 실험 결과를 표현한 끔찍한 그림을 보면, 보드라운 갈색 귀에 산딸기 빛깔의 종양들이 점점이 박혀 있다. 로포는 흡연과 폐암에 관한 수백 건의 논문을 발표했는데, 주로 독일 과학 저널에 실었다.

흡연의 영향에 관한 초기의 연구가 독일과 관련성이 깊다는 점은 우연이 아니다. 1930년대에 독일은 의학이 가장 발달한 나라였다. 게다가 아돌프 히틀러Adolf Hitler보다 흡연을 열정적으로 반대한 지도자는 없을 것이다. 히틀러는 1919년에 흡연을 법으로 금지하지 않았다면 국가사회주의가 승승장구하지 못했을 것이라고 했다. 사람이 통제해야 할 것은 담배가 아니라 이 총통이었지만 말이다. 담배처럼 유대인들을 향한 위협도 차단되어야 했다.

1939년에 리킨트는 《담배와 유기체Tobak und Organismus》를 출간했다. 이 1,200쪽짜리 책은 담배의 영향에 관한 7,000건 이상의 연구를 요약하고 있다. 이를 포함한 메타연구meta-study(기존 연구를 대상으로 한 연구)들을 통해 전문가들 사이에 합의가 이루어졌고, 1940년대 초반에 대다수 독일 의사와 관료는 흡연이 위험하다는 데 동의했다.

아이러니하게도 우리가 흡연이 폐암을 일으킨다는 사실을 알게 된 것은 이런 독일의 연구 덕분이 아니었다. 와인더 연구팀이 생쥐 실험 결과를 발표했을 때 그들은 선구자로 칭송받았다. 마찬가지로 영국인 전염학자 리처드 돌Richard Doll과 브래드퍼드 힐Bradford

Hill의 1952년 연구는 혁명적이라고 여겨졌다.[34] 오늘날에도 이 앵글로색슨 과학자들은 흡연 연구의 창시자로 간주된다. 하지만 이들의 연구가 더 발전된 형태일지는 몰라도 독일 과학자들이 적어도 10년은 앞섰다.

2차 세계대전 후 독일 연구들은 과학계의 의식에서 사라졌다. 독일 출신의 많은 과학자가 전쟁에서 살아남지 못했기 때문이다. 더 중요한 점을 꼽자면, 독일의 의학 연구는 뒷맛이 개운치 않았다.

이게 뭘 말해줄까? 과학 발전은 늘 직선 경로를 따라 일어나지는 않는다. 발전이 일어났다가 기어이 몇 년 후에 출발점으로 되돌아온다. 역사상 가장 무지막지한 대량학살자들 중 한 명이 금연 캠페인으로 수백만 흡연자의 목숨을 구할 뻔했다는 건 아이러니가 아닐 수 없다. 하지만 흡연과 폐암 사이의 관계가 오랫동안 숨겨진 이유는 독일 과학의 고약한 이미지만이 아니었다.

가장 음흉한 마케팅 기법

1970년 미국 캔자스시티의 한 고등학교에서 학생 전원이 강당에 불려갔다. 줄무늬 셔츠에 흰 구두를 신은 한 젊은이의 강연을 듣기 위해서였다. 담배 업계를 대표하여 온 그 사람의 메시지는 단순했다. 흡연은 아이들을 위한 것이 아니라는 내용이었다. 담배는 섹스, 술, 자동차처럼 어른을 위한 것이니 10대는 생각도 하지 말아야 한다고 젊은이는 목청을 높였다.

좋은 뜻으로 하는 말 같았지만, 지금 아이들한테 떠오르는 생각이 있다면 담배뿐이었다. 10대들이 빠질 만한 대상은 금지된 것, 즉 오직 어른을 위한 것이니까.

세월이 한참 흐르고 나서 강당의 학생들 중 한 명인 로버트 프록터Robert Proctor는 자신의 책 《골든 홀로코스트Golden Holocaust》에서 그 강연에 대해 썼다.[35] 그 젊은이가 아이들에게 흡연을 부추기는 음흉한 캠페인을 벌였다고 말이다.

프록터는 역사학자가 되었다. 그는 담배 업계에서 나온 기밀문서 수백만 건을 샅샅이 뒤졌고, 업계에 의심스러운 관행들이 많다는 것을 알게 되었다. 그런 강연도 아이들을 목표로 한 고의적인 결정이었다. 이들 '사전흡연자' '미래의 담배 소비자' '대체 흡연자'는 억지로 담배를 끊어야 했던(즉 세상을 떠난) 흡연자들을 대신할 사람들이었다.

2000년 필립 모리스 인터내셔널은 1,300만 장의 책 커버를 미국 학교들에 보냈다. 학생들은 멋진 스노보드 그림과 '생각하라. 담배 피우지 마라'라는 글귀가 담긴 커버로 책을 감쌀 기회를 얻었다. 담배회사들은 학교를 통해서뿐 아니라 부모를 통해서도 학생들에게 접근했다. 팸플릿을 이용해 부모들이 아동 흡연의 위험성을 떠들어대도록 부추긴 것이다.

담배 업계의 마케팅은 매끈한 슬로건["카멜(담배 상표명 – 옮긴이) 한 값 사려고 1마일을 걷곤 했죠"], 강한 롤모델(말보로맨), 최초의 옥외광고판 사용, 할리우드 영화에 제품 내보이기와 슈퍼마켓에서의 충동구매 등으로 유명하다. 하지만 암암리에 실행되는 교활한 마케팅 기법이야말로 담배 업계가 다른 업종과 진정으로 구별되는 점이다. 프록터는 기밀 문서들을 통해 어떻게 담배가 오랜 세월 동안 중독성을 키웠는지 밝혀냈다. 이를테면 감초를 첨가하여 담배 맛을 더 달콤하게 만들거나 암모니아를 첨가하여 니코틴의 중독성을 더 강하게 만들었다.[36]

가장 악랄한 마케팅 기법은 따로 있었다. 1953년 오크룸 레스토랑에서 짜낸 이 계략 때문에 그 후 수많은 사람이 담배의 해악을 간파하지 못했다. 그 방안은 거대 담배회사들 중 한 곳의 마케팅 책임자인 존 W. 버가드John W. Burgard가 가장 잘 요약했다. 그는 (물론 기밀문서에) 이렇게 적었다. "의심이야말로 우리의 제품이다."

담배 업계의 목표는 흡연이 건강에 좋다고 증명하는 일이 아니었다. 담배의 해악에 의구심이 드는 정도만으로 이미 충분했다. 오크룸 회의 이후 담배산업연구위원회(나중에 바뀐 이름으로는 담배연구위원회)는 흡연에 관한 과학 연구의 발견에 혼란을 조장하기 위해 할 수 있는 모든 일을 했다. 그 모임은 47개 주의 검사들과 담배 업계 사이의 법적 합의가 있고 나서 1998년에야 해체되었다.

위원회는 없어지기 전까지 수십 년 동안 의학 연구에 수억 달러를 썼다. 위원회의 연구 지원금은 '담배와 건강'에 관한 연구에 자금을 지원해주는 것처럼 보였지만, 실제로 그 목적에 헌신한 적은 거의 없었다. 프록터는 이렇게 썼다. "목표는 '발견해내지 못하도록 연구하기'였으며, 그다음으로는 '흡연과 건강 관련 연구에 막대한 돈을 쏟아부었지만 해로움이 증명되지 않았다고 주장하기'였다." 그가 살펴본 수백 건의 언론 기사들도 "더 많은 연구가 필요하다"라는 말을 주문처럼 반복했다. 담배 업계 거물 중 한 명의 말대로 "연구는 계속되어야만 했다".

담배 업계는 과학을 매우 진지하게 여기겠노라 위선을 떨었을 뿐만 아니라, 스탠퍼드와 하버드 같은 권위 있는 대학교의 과학자들에게 연구비를 지원해 회사 이미지를 좋게 만들었다. 그 무렵 담배 업계는 전문가 집단을 조직했는데, 여기에 속한 과학자는 '업계 친화적인' 논문을 쓰고 필요할 경우 법정에서 증언까지 했다.

《새빨간 거짓말, 통계》의 저자 대럴 허프는 비록 과학자는 아니었을지 몰라도 그런 전문가 집단에 안성맞춤이었다. 누가 '새빨간 거짓말 통계' 씨보다 숫자에 관해 더 그럴듯하게 이야기할 수 있겠는가? 이런 이유로 1965년 3월 22일 그는 미국 의회의 청문회에서 담배 광고와 포장에 관해 증언했다. 흡연과 건강 악화 사이의 상관관계를 인과관계와 혼동해서는 절대 안 된다고 말이다.

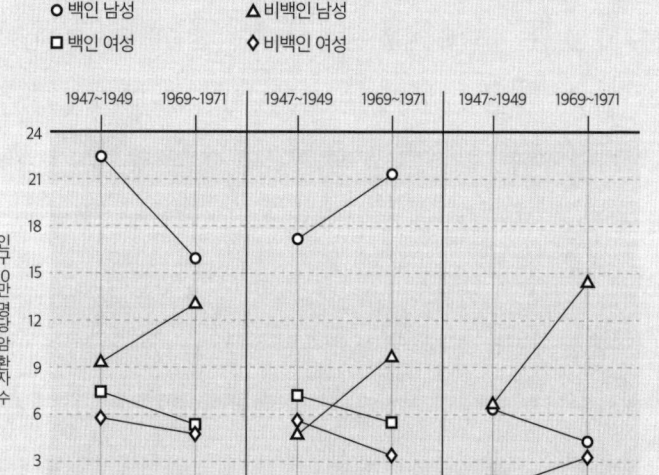

우리가 늙지 않는다고 확인시켜주는 그래프

1979년 담배 업계의 자금 지원을 받는 연구소인 토바코인스티튜트 Tobacco Institue가 다양한 종류의 암들이 자라는 과정을 보여주는 아래 그래프를 발표했다.

1947~49년과 1969~71년의 10만 명당 암 환자 발생 건수

○ 백인 남성   △ 비백인 남성
□ 백인 여성   ◇ 비백인 여성

출처: Proctor(2011), figure 29.

다른 여러 연구에서 드러난 바로는 흡연자의 수와 암 환자의 수는 둘 다 오랫동안 증가했다. 하지만 토바코인스티튜트의 그래프는 꼭 그렇지만은 않다는 입장이었다. 그래프에는 구강암과 인후암, 방광암 그리고 식도암 환자들의 비율이 나온다. 결과가 뒤죽박죽이라서 일관적으로 증가한다고 주장하기는 어렵다.

그렇다면 그래프에 무엇이 빠졌을까? 슬쩍 보아도 흡연의 가장 중요한 결과인 폐암이 빠져 있다.

그래프로 의심을 퍼뜨리는 곳은 담배 업계만이 아니다. 2015년 12월 14일 미국의 보수 성향 잡지 《내셔널리뷰National Review》가 이런 트윗을 올렸다. "볼 필요가 있는 유일한 #기후변화 차트."[37] 이 글과 함께 올라온 이미지는 1880년 이후의 기온 변화를 보여주었다. 어떤 결과였을까? 평균 기온은 지난 135년 동안 거의 변하지 않았다. 기온 변화를 보여주는 직선은 방금 사망한 환자의 심전도 결과만큼이나 평평했다.

나는 직감적으로 그 데이터에 오류가 있다고 여겼다. 왜냐하면 수많은 관측 기록이 기온이 오르고 있음을 보여주고 있기 때문이다.[38] 《내셔널리뷰》가 분명 수치를 조작했을 것이다. 그것 말고는 달리 설명할 길이 없어 보였다. 하지만 아니다. 데이터는 옳았다. 미국우주기구인 나사NASA에서 나온 신뢰할 만한 자료였다.[39]

뒷장의 그래프를 살펴보자. 그래프는 명확한 제목과 함께 두 축에 시간과 기온을 달고 있다. 여러분이 학교에서 배웠던 그래프의 모든 요건을 충족한다. 수평축의 기간인 1880년부터 2010년 이후까지는 장기적 변화를 보여주기에 완벽해 보인다. 수직축의 눈금 표시에도 틀린 것이 전혀 없어 보인다. 화씨 −10°에서 110°는 섭씨로 변환하면 −23°에서 43°다. 터무니없는 기온이 아니다. 그처럼 춥거나(시베리아) 더운(라스베이거스) 곳이 지구에는 분명 있다.

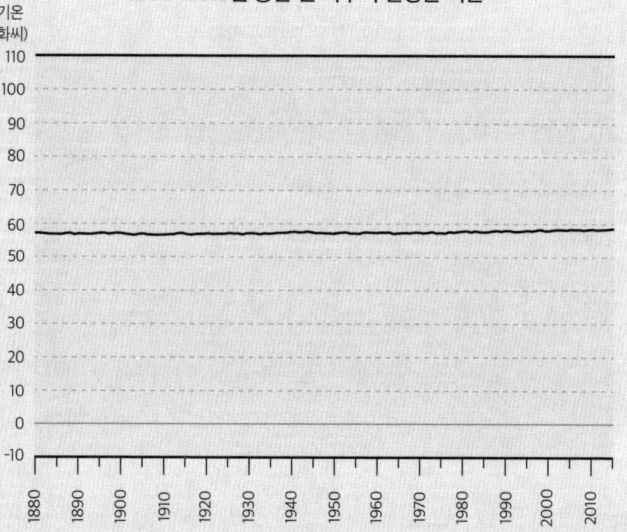

출처: 《내셔널 리뷰》의 2015년 12월 14일 트윗

그렇긴 해도 수직축에 뭔가 이상한 점이 있다. 어느 한 시기에 한 장소에서의 기온을 다루지 않고 전 세계의 평균 기온만 보여준다. 환경 분야에서는 1도의 10분의 몇의 변화만으로도 중대한 차이를 낳는다. 기후 전문가들의 공통적인 판단에 따르면, 평균적으로 지구 온도가 섭씨 2도 남짓 상승하기만 해도 재앙을 초래할 수 있다고 한다.[40] 이 그래프에서는 그런 변화를 찾아내기가 불가능한데, 왜냐하면 수직축의 기온 변화가 너무 미세하게 보이도록 눈금이 매겨졌기 때문이다.

마치 오른쪽 첫 번째 그래프를 보고 지난 31년 동안 내가 조금도 나이를 먹지 않았다고 결론 내리는 것과 비슷하다. 그리고 첫 번째 기후 그래프의 수직축을 오른쪽 두 번째 그래프처럼 바꾸면, 갑자기 전혀 다른 양상이 나타난다.

나는 거의 나이 들지 않았다

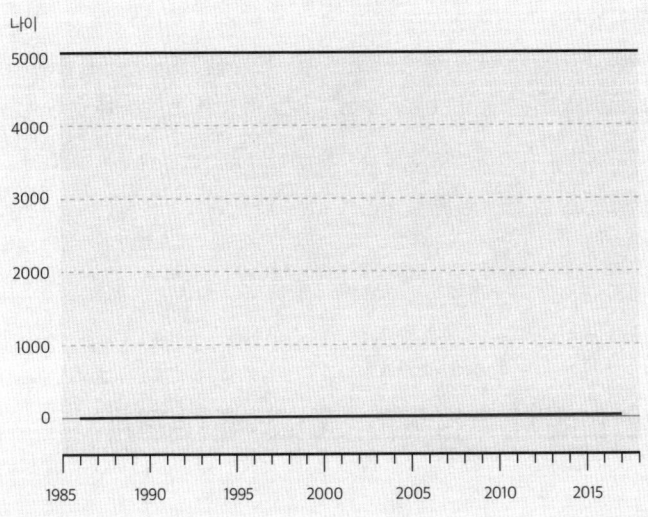

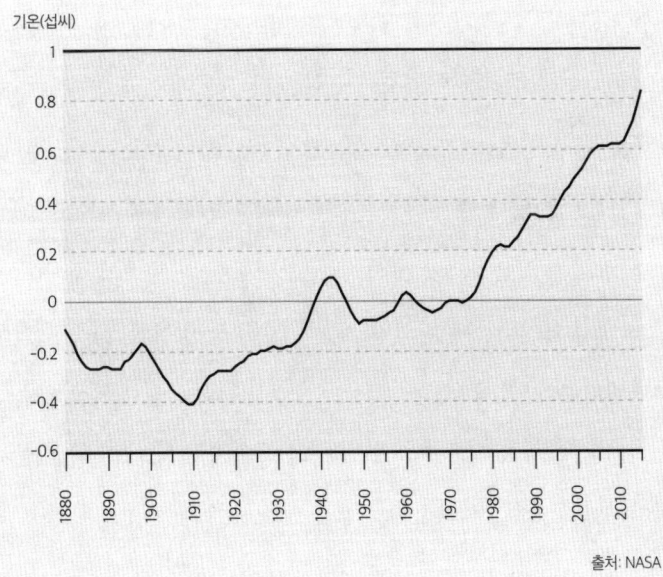

출처: NASA

4장 흡연이 폐암을 일으킨다는 분명한 사실이 의심받은 이유

> 이 그래프는 해마다 전 지구의 평균 기온(섭씨)과 1951~80년 동안의 평균 기온의 차이를 보여준다.[41] 이 측정 방법을 가리켜 편차anomaly 표현이라고 하며, 기후변화를 측정하는 기후과학의 표준 방식이다. 《내셔널리뷰》의 그래프와 비교하면 y축의 눈금과 측정 단위가 달라졌다. y축의 눈금만 바꾸고 측정 단위를 바꾸지 않았다면, 결론은 달라지지 않았을 것이다.

우연의 일치, 빠진 요인 그리고 역인과관계

허프가 의회 청문회에서 한 증언은 자신의 책 내용만큼이나 번지르르했다.[42] 그는 흡연에 관한 연구에 반박하는 이유들을 조목조목 댔다. 먼저 데이터 수집 방식이 바뀌는 바람에 마치 폐암 환자가 크게 늘어난 듯 보인다고 말했다. 표본도 대표성이 없으며 때로는 너무 작다고 했다. 게다가 동물실험에서 나온 결과는 추가 연구 없이는 사람에게 적용하지 말아야 한다고 역설했다. 생쥐의 등에 타르를 칠했던 와인더 연구팀의 권위 있는 연구를 염두에 두고 한 말이 분명했다. 그러면서 그는 "생쥐는 인간이 아니다"라고 역설했다.

그는 이렇게 차근차근 운을 떼더니 마침내 주된 반대 이유를 꺼냈다. "만약 이 모든 차이에도 불구하고 흡연과 건강 사이에 어떤 종류의 관련성을 인정하더라도, 우리는 마지막 중요한 질문에 맞닥뜨립니다." 흡연과 암의 상관관계가 자동으로 인과관계를 의미하는가? 허프는 아니라고 주장하면서, 예의 황새와 아기에 관한 논의를 시작했다.

그러고는 자기 책에 나온 내용인 상관관계와 관련된 세 가지 실수를 설명했다. 증언 앞부분에서 그는 이미 흡연자와 비흡연자 사이의 암 발생 건수 차이가 '통계적으로 유의미'할지 모르지만 그냥 우연 때문일 수 있다고 주장했다. 또한 다음과 같이 인과관계가 거꾸로 작용할 수도 있다는 듯이 말했다. "예일대학교 졸업생들이 대다수보다 정말로 돈이 더 많더라도 그게 예일대학교에 다녀서입니까? 아니면 전반적으로 예일대학교가 부유한 가정 출신의 입학생을 받기 때문입니까?"

허프가 역인과관계의 가능성을 최초로 거론한 사람은 아니었다. p값을 유행시켰던 통계학자 로널드 피셔도 이미 똑같은 견해를 내놓았다. 그는 1959년에 한 소책자에 이렇게 썼다. "그렇다면 폐암이 (…) 흡연의 여러 원인 중 하나일 수 있지 않는가?"[43] 피셔는 넌지시 심지어 그 병을 발견하기 전에 사람들은 이미 경미한 염증을 갖고 있었다고 말했다. 그래서 난처한 상황이 생길 때(열차 도착이 지연되거나 짜증스러운 회의를 할 때) 사람들이 담배에 불을 붙이듯, 그들은 폐에 어떤 문제가 있기 때문에 담배를 피웠을지도 모른다고 말하며 다음과 같이 덧붙였다. "가련한 사람한테서 담배를 빼앗는 것은 맹인한테서 하얀 지팡이를 빼앗는 것과 비슷할 것이다."

피셔는 더욱 그럴듯한 이유도 내놓았다. 한 요인이 빠져 있다는 것이다. 그는 유전자가 사람들의 모든 차이를 설명해줄 수 있다고 확신했다. 피셔가 생각하기에 특정 유전자를 갖고 있는 사람은 담배를 피울 가능성이 더 높았다.

대럴 허프는 의회 청문회에서 유전자 이야기를 하지는 않았지만, 흡연자가 비흡연자와 체질이 다르다고 여겼다. 허프가 보기에 흡연자들은 과체중이고 맥주, 위스키, 커피를 더 많이 마시는 경우가 많았다. 게다가 흡연자들은 기혼자이고 병원에서 자주 치료를 받고 직업을 더 빈번하게 바꾸는 경향이 있었다. 허프가 생각하기에 이런 이유들 중 어느 하나만 선택하고 나머지를 무시해서는 안 될 일이었다.

어디까지 알면 충분한가?

진리라는 것이 존재할까? 수를 그냥 무시해버리고 마치 미국 드라마 〈매드맨Mad Men〉에 나오는 광고회사 직원들처럼 줄담배를 피워대는 게 나을까? 어차피 흡연이 우릴 어떻게 만드는지 알 수 없으니 말이다.

허프와 피셔의 주장은 세 가지 종류의 시건방진 상관관계에 토대를 두고 있다. 한마디로 정리하면 어떤 상관관계가 있지만, 이 상관관계가 꼭 인과관계는 아니다. 그런데 유방절제술을 받은 여성의 건강이 그러지 않은 여성과 다르다는 추론이 왜 흡연자와 비흡연자에게는 적용되지 않았을까? 어떻게 우리는 흡연과 폐암에 관한 연구가 출판편향에 빠져 있지 않다고 확신할 수 있을까? 둘이 관련성이 없다는 연구 결과들은 서랍 속에 고이 잠자고 있을지 모르는 일 아닐까? 게다가 피셔가 말한 역인과성에도, 비만 역설처럼 일말의 진리가 있지 않을까?

이는 담배 업계의 영리한 술책이었다. 그들은 다른 맥락에서라면 완전히 타당한 주장들을 내놓았다. 한 특정 연구의 결과가 우연히 나오는 일은 충분히 가능하다. 포함되지 않은 다른 요인들이 있을지도 모른다. 피셔는 소책자에서 그런 점들을 배제할 유일한 한 가지 방법이 있다고 주장했다. 바로 실험이었다. 하지만 그도 알고 있었듯이 의료계와 일반 대중은 해를 끼치는지 보려고 사람들에게 흡연을 시키는 행위를 비윤리적이라고 여겼다. 그래서 실험은 사람이 아니라 동물에게 실시되었다. 이런 상황에서 "생쥐는 사람이 아니다"라는 허프의 주장이 끼어들었다.

허프와 피셔는 빠져나갈 수 없는 거미줄을 쳐놓은 셈이다. 둘의 주장대로라면 타당한 결론을 내리기란 애당초 불가능했다. 담배 업계는 바로 그 지점에서 논의가 계속 돌고 돌기를 원했다. 그래야 끝없는 터널에 갇힌 채로 더 많은 연구를 계속 요구하고 어떤 결론도 내릴 수 없게 될 테니까.

이것은 과학이 당면한 중대한 과제다. 즉 인과관계를 버리기는 쉽지만 인과관계가 존재함을 증명하기란 대단히 어렵다. 다시 말해 흡연이 폐암을 일으킨다는 것을 어떻게 알 수 있을까?

허프와 피셔의 주장은 빈틈이 없지만, 그건 오직 개별 연구를 볼 때만 그렇다. 아무리 잘 수행되었더라도 연구 하나로는 무언가를 증명하기에 충분하지 않다. 특정 국가의 특정 집단을 특정 시기에 살펴보면, 어떤 결과가 우연히 얻어졌다고 늘 말할 수 있다. 그런 까닭에 딱 하나의 새 연구를 바탕으로 '과학적으로 증명'되었다고 쓴 신문 기사는 대단히 잘못된 것이다. 마찬가지로 선거 결과 예측을 여론조사 한 건에 기대자는 생각도 잘못되었다.

과학은 하나하나의 연구가 아니라 연구들의 누적을 통해 발전한다. 허프가 1965년 의회에서 증언했을 무렵 연구의 누적량은 엄청나게 많았다. 1939년에 나온 기념비적인 논문집인 《담배와 유기체》는 잊혔을지 몰라도, 담배의 해로움을 증명하는 연구 결과는 압도적으로 많았다.

흡연의 해로움은 여러 가지 방식으로 증명되었다. 흡연자들이 폐암에 걸릴 확률이 더 높다는 점이 역학적 연구 결과 드러났고, 동물은 피부에 타르를 칠하면 종양에 걸렸고, 세포 수준에서 흡연이 해로운 효과가 있음이 병리학 연구에서 밝혀졌으며, 담배 연기에는 암을 일으키는 화학물질이 들어 있음이 증명되었다. 이것만으로도 부족하다는 듯이 이 모든 연구를 반복해서 실시한 결과, 매번 똑같은 결과가 나왔다. 이를테면 1952년에 나온 리처드 돌과 브래드퍼드 힐의 연구가 발표된 지 몇 년 뒤 일본, 미국, 캐나다, 프랑스의 여러 과학자가 여러 번 메타연구를 실시했더니 매번 똑같은 결과를 얻었다. 다시 말해 폐암 환자들은 흡연하는 경향이 있다.[44]

어느 시기가 되면 증거가 너무 강력해지기 때문에 설령 어느 한 연구에서 상반된 결과가 나오더라도 결론은 여전히 유효하다. 기후변화에 관한 연구도 마찬가지다. 어느 해 겨울이 따뜻하다고 해서 지구온난화가 진행 중임을 증명할 수는 없지만 산호초, 빙하, 이산화탄소 배출량 증가, 기온 상승에 관한 무수히 많은 연구를 통해서는 증명이 된다.[45] 흡연의 경우처럼 이런 연구들은 거듭해서 동일한 결론에 이른다. 출신 배경, 사각지대, 관심사가 다른 연구자들이 측정, 데이터 수집, 분석의 방법을 다르게 해도 동일한 결과가 나온다. 증거가 이토록 인상적이라면 '과학계의 합의'가 도출된 셈이다.

합의가 내려졌더라도 모든 과학자가 특정한 평가에 가담한다는 뜻이 아니며, 모든 연구가 완전히 똑같은 결론에 이른다는 뜻도 아니다. 과학은 완벽하게 확실한 결과를 내놓을 수는 없는데, 의심이야말로 과학의 핵심이기 때문이다. 지식이 지난 수세기 동안 증가해온 까닭은 과학자가 용기를 내어 당대의 도그마에 의문을 던졌기 때문이다. 니콜라우스 코페르니쿠스Nicolaus Copernicus는 용기를 내어 지구가 태양 주위를 돈다고 주장했고, 알베르트 아인슈타인은 과감하게 아이작 뉴턴Isaac Newton의 이론을 의심했으며, 아치 코크런은 자신만만하게 동료 의사들한테 맞섰다.

하지만 담배 업계는 이기적인 이유로 의심(과학의 핵심 가치)을 이용했다. 진리에 다가가기 위해서가 아니라 대중들을 최대한 진리에서 멀어지게 하려는 의도였다. 다행히 담배 업계에 도움을 준 쪽도 과학자였을지 모르지만, 1950년대 후반에 이미 '근거는 충분하다'는 결론을 내린 쪽도 과학자였다. 담배는 폐암을 일으킨다.

담배 업계는 담배와 폐암의 관련성을 오랫동안 부정해왔다. 1994년까지 일곱 개 주요 담배회사의 수장들은 관련성을 믿지 않는다고 주장했다. 1998년이 되어서도 필립 모리스 담배회사의 이사는 거짓을 말하지 않겠다고 선서한 뒤 이렇게 증언했다. "저는 흡연이 암을 일으킨다고 믿지 않습니다."

담배회사 내부의 분위기는 꽤 달랐다. 생쥐 연구가 발표되기 아홉 달 전인 1953년에 이미 클로드 티그Claud Teague(담배 제조회사

R. J. 레이놀즈에서 일했던 사람)는 흡연에 관한 기존의 과학 연구를 전부 조사했다.⁴⁶ 이 사람의 조사는 결국에는 담배 업계에 맞선 소송에서 증거 역할을 하게 된다. 왜냐하면 담배 제조사들이 담배의 해로운 영향을 초기 단계부터 이미 알고 있었다는 뜻이기 때문이다. 하지만 티그의 보고서는 1990년대까지 세상에 드러나지 않았다. 놀랄 일도 아닌 것이 그때까지 미발표 보고서였기 때문이다.

흡연 통계로 거짓말하는 법

오늘날까지 담배 업계는 과학계에 자금을 지원한다. 2017년에 보도된 뉴스를 보면, 필립 모리스 인터내셔널은 담배 없는 세상을 위한 재단Foundation for a Smoke-Free World에 매년 8천만 달러 규모의 자금을 지원하고 있다. 세계보건기구는 이를 두고 명백한 이해상충 행위라며 격렬한 반응을 보였다.⁴⁷

담배 업계 밖에서도 의심은 과학적으로 증명된 상관관계에 대적할 강력한 무기가 되었다. 나오미 오레스케스Naomi Oreskes와 에릭 콘웨이Erik Conway의 저서 《의혹을 팝니다Merchants of Doubt》에 따르면, 동일한 책략이 기후변화를 부정하는 데도 이용된다.⁴⁸ 마찬가지로 국제 낙농업계에서도 유지방의 해로운 영향에 의문을 제기하

는 연구에 자금을 지원하고 있다.⁴⁹

또 다른 업계가 이와 똑같은 전략을 자신들의 이익을 보호하기 위해 적용하는 것은 시간문제다. 거대 담배회사와 거대 정유회사에 이어서 아마도 다음은 거대 기술회사가 은밀히 기술의 해로운 영향을 조사하고 있을 것이다. 정치인들도 진리에 인색할 수 있다. 때때로 미국 고위급 관리들은 '건전한 과학'이라는 미명하에 기후변화에 관한 주장들을 배척한다.⁵⁰

왜 허프와 피셔는 더 잘 알지 못했을까? 왜 둘은 흡연과 폐암에 관한 연구를 줄곧 의심하기만 했을까? 아마도 허프는 타당하다고 입증되었더라도 자신이 인정할 수 없는 연구를 깎아내리는 데 더 익숙했을지 모른다. 그리고 골초였던 통계학자 피셔는 자신의 직감을 믿고서 담배에 관한 연구를 비판했던 듯하다.

훨씬 더 그럴듯한 이유도 있다. 동료 학자 다비트 다우베David Daube는 피셔가 세상을 떠나고 나서 그 자신이 왜 담배 업계를 옹호했는지 해명한 이야기를 세상에 알렸다. 바로 '돈' 때문이었다.⁵¹ 허프도 담배 업계로부터 돈을 받았다. 그는 심지어 책을 한 권 써달라는 부탁도 받았지만, 책은 결국 출간되지 않았다. 책의 제목은? 바로 《흡연 통계로 거짓말하는 방법》.⁵²

5장

틀리지 않는 계산 기계는 없다

빅데이터가 세상을 더 좋게 만들 수는 있다. '좋거나 나쁜' 것은 알고리즘 자체가 아니라 우리가 알고리즘을 사용하는 방식이다. 우리의 목표는 진실 밝혀내기일까 아니면 수익 창출일까? 이는 도덕적 딜레마지 통계적 딜레마가 아니다.

예순다섯 살인 제니퍼를 만나보자.¹ 오랜 세월 이 케냐 상인은 나이로비의 상업 구역에서 음식을 팔아 돈을 벌었다. 그녀의 가판대 위에서는 매매 행위가 활발히 이루어졌지만, 정작 수중에 남는 돈은 별로 없었다. 사업을 확장하는 데 돈을 쓸 여력이 없었고, 건강이 나빠지기라도 하면 곧바로 경제적 어려움에 빠졌다.

과연 무엇이 문제였을까? 제니퍼는 돈을 빌리기가 사실상 불가능했다. 그녀가 저축을 해서 모을 수 있는 돈은 너무 적었고, 고리대금업자의 금리는 너무 높았다. 또한 일반 은행은 대출을 꺼렸는데, 그녀한테 담보가 없었기 때문이다. 게다가 다른 국가들에서 대출의 표준이 되는 것이 없었다. 바로 신용점수였다.²

서구에서 신용점수는 수십 년째 흔하게 이용되고 있다. 1956년 엔지니어 빌 페어Bill Fair와 수학자 얼 아이작Earl Isaac은 미국에서 페어, 아이작 앤드 컴퍼니FICO라는 회사를 설립했다. FICO는 한 가지 단순한 생각을 바탕으로 삼았다. 데이터를 갖고 있다면 사람들이 대출을 갚을지 여부를 더 잘 판단할 수 있다는 생각이었다.

그전까지만 해도 여러분이 대출을 받을 수 있을지 여부는 다른 사람들이 어떻게 평가하느냐, 여러분이 대출심사 미팅에서 어떤 인상을 주느냐, 그리고 여러분의 신뢰도에 대한 은행원의 직감에 달려 있었다. 많은 사람한테는 이런 점이 유리하게 작용하지 않았다. 오래된 미국의 신용 보고서는 한 주류 가게를 "수준 낮은 흑인 가게"라고 간주했고, "모든 유대인과 대규모 거래를 하려면 신중해야 한다"라고 경고했다.[3]

페어와 아이작은 고객의 배경보다 재정 상태를 살펴보는 공식을 내놓았다. 소득이 얼마인가? 공과금을 제때 납부하는가? 현재 부채는 얼마인가? 두 사람은 이런 데이터를 바탕으로 고객이 대출금을 갚을 능력을 알려주는 점수를 계산해냈다.

이 FICO의 신용점수는 양측에 뜻밖의 선물로 작용했다. 많은 사람이 대출을 이용하게 되었고 대출을 해주는 쪽도 더 많은 돈을 벌었다. 그 점수 덕분에 누가 채무불이행자가 될지를 훨씬 더 잘 예측해냈기 때문이다. 알고 보니 공식이 인간의 판단보다 더 나은 결정을 내렸다.

신용점수는 이제 여러 나라에서도 이용하지만 아직도 신용점수가 없는 사람이 많다. 제니퍼와 같은 사람들이 그 예다. 하지만 몇 년 사이에 제니퍼도 신용점수를 얻을 수 있게 되었다. 이 이야기는 시바니 시로야Shivani Siroya가 TED 강연에서 언급한 내용이다. 시로야는 빅데이터를 이용해 대출을 해주는 스타트업인 탈라Tala의 CEO다. 제니퍼는 신용점수를 받기 어려운 조건이었지만, 휴대폰을 갖고 있었다. 휴대폰 하나면 그녀에 관한 온갖 데이터(그녀의 위치, 문자를 보낸 내용, 휴대폰 사용 시간 등)를 추적할 수 있다.

어느 날 제니퍼는 아들의 권유로 탈라 앱을 설치했다. 그리고 대출을 신청하자마자 즉시 돈을 받았다. 2년 후 그녀의 인생은 완전히 달라졌다. 지금은 가판대를 세 군데 운영하고 식당을 차릴 계획을 하고 있다. 심지어 은행에도 대출을 신청할 수 있게 됐다. 돈을 관리할 수 있다는 것을 입증받았기 때문이다.

이 시대의 가장 위험한 발상 중 하나

제니퍼의 이야기는 가슴을 훈훈하게 해준다. 비록 탈라를 홍보하는 이야기이긴 하지만, 오늘날 가장 크게 성장하는 추세인 빅데이터 혁명은 대단히 인상적이다. 무엇이 데이터를 크게big 만들까? 빅데이터는 Volume(양), Velocity(속도), Variety(다양성), Veracity(진실성)이라는 네 가지 V로 정의된다. 달리 말해 신속하게 움직이며 온갖 종류에다 굉장히 많은 양의 신뢰할 수 있는 데이터다.

현재의 데이터 열풍과 플로렌스 나이팅게일 시절의 데이터 이용

(빅데이터의 첫 번째 물결) 간의 차이점은 인터넷의 유무다. 수를 이용하려면 지금도 표준화, 수집, 분석이 필요하지만, 인터넷 덕분에 수의 이용이 폭발적으로 일어나고 있다. 우리는 그 어느 때보다도 더 많이(발걸음에서 버튼 클릭 수까지, 안면 인식에서 잡음 공해에 이르기까지) 표준화한다.[4] 또한 그 어느 때보다도 더 많이 데이터를 수집한다. 구글은 분당 360만 건 이상의 검색을 수행하고, 유튜브는 분당 400만 개 이상의 동영상을 실행하며, 인스타그램에는 분당 50,000개에 가까운 피드가 올라간다.[5] 그리고 이 엄청난 데이터를 분석하는 기법은 점점 더 영리해지고 있다.

데이터의 팽창과 더불어 그것으로 우리가 할 수 있는 일에 대한 기대도 팽창했다. 제니퍼에게 대출을 해준 탈라는 신용대출을 받지 못하는 사람들에게 다가가려고 하는데, 이를 위해 빅데이터를 이용한다. 미국의 비영리 상담 서비스인 크라이시스 텍스트 라인 Crisis Text Line은 문자메시지 데이터를 분석하여 자살 위험성이 있는 사람들을 찾아낸다.[6] 미국의 비영리단체 레인포레스트 커넥션 Rainforest Connection은 중고 휴대폰으로 데이터를 수집하여 불법 벌목과 밀렵을 퇴치한다. 데이터는 아주 큰 기대를 받고 있다. 정책입안자들, 회사 중역들, 대중적인 지식인들은 모두 빅데이터로 기후 위기를 해결하고,[7] 의료 서비스를 개혁하며,[8] 굶주림을 근절할[9] 수 있다고 주장한다.

심지어 빅데이터로 민주주의를 구해낼 수도 있다. 선거는 많은 사람이 투표하지 않으면 아무 소용이 없는데, 대학교의 관리자인 루이스 프레스코Louise Fresco는 2016년 네덜란드 신문 《NRC》의 독자 의견란에서 이렇게 주장했다. "민주선거를 인공지능 시스템으로 대체하면 어떨까?"[10] 영리한 계산 시스템은 선거를 필요없게 만들 수 있는데, 우리가 뭘 좋아하는지는 이미 우리의 데이터(어디를 여행하는지, 누구와 이야기하는지, 무엇을 읽는지)에 저장되어 있기 때문이다. 우리의 행동에 관한 모든 정보(필요하다면 추가 조사를 통해 향상시킬 수도 있는 정보)를 이용하면 우리가 실제로 무엇을 중요시하는지, 따라서 우리가 어떤 정치인을 좋아하는지도 알아낼 수 있다.

프레스코의 사고실험은 생뚱맞게 들릴지 모르지만 틀린 말도 아니다. 빅데이터 알고리즘이 그 어느 때보다도 강력해지고 있으니까. 빅데이터 알고리즘을 이용해서 보험회사는 고객의 보험료를 계산하고,[11] 과세 당국은 납세자가 탈세를 했는지 알아내며,[12] 미국 판사는 수감자를 일찍 석방시켜야 하는지를 판단한다.[13] 우리는 점점 운명을 빅데이터의 손에 맡기고 있다. 그런데 우리는 멍청하니까 수한테 인생에 관한 결정을 맡기자는 발상은 위험하다. 이런 생각 이면에는 심각한 오해가 숨어 있다. 데이터가 언제나 진실과 일치하며, 빅데이터를 이용하면 앞에서 살펴보았던 문제들이 사라지

겠거니 여기지만 그래서는 안 된다.

 이제 앞에서 배운 내용을 바탕으로 빅데이터를 좀 더 자세히 살펴보자. 21세기에 표준화, 데이터 수집 및 분석은 어떻게 이루어질까? 그리고 왜 우리는 중요한 결정을 심사숙고 없이 수와 계산법에 맡기면 안 될까?

알고리즘이란 도대체 무엇일까?

 지금 데이터는 어떻게 이용되고 있을까? 과거에 당시의 방대한 데이터를 이해하기 위해 평균과 그래프가 고안되었듯이, 오늘날 영리한 사람들은 수조 바이트의 데이터를 다루기 위한 방법들을 내놓았다. 이 기법(알고리즘)들은 여러분이 구글에서 어떤 검색 결과를 얻을지, 페이스북에서 어떤 게시물을 볼지, 누가 여러분의 데이트 앱에 뜰지, 그리고 누가 탈라와 같은 회사에서 대출을 받을지를 결정한다(알고리즘이라는 단어를 최초로 쓴 사람은 9세기에 대수에 관한 책을 쓴 페르시아의 수학자 무하마드 이븐 무사 알콰리즈미Muhammad ibn Musa al-Khwarizmi다).[14]

 사실 알고리즘은 특정한 목표에 이르기 위해 밟는 여러 가지 절차일 뿐이다. 컴퓨터 화면상에서 그 절차는 아주 지루하고 단조롭게 보인다. 소프트웨어 개발자는 컴퓨터 언어로 한 줄씩 어느 상황에서는 어떤 단계를 밟아야 하는지를 지시한다. 그런 줄은 'if-then(만약 ~라면 …한다) 명령문'일 수 있다. 예를 들어 '만약 누군가가 대출을 갚았다면, 그 사람의 신용점수는 10점 올라간다' 같은 문장 말이다.

알고리즘은 어떻게 작동할까? 이를 설명하려고 미국의 수학자 캐시 오닐Cathy O'Neil은 저서 《대량살상 수학무기Weapons of Math Destruction》에서 '가족을 위해 요리하기'라는 실용적인 예를 든다.[15] 오닐은 가족이 (a) 충분히 먹을 때 (b) 음식을 맛있게 먹을 때 (c) 충분한 영양을 섭취할 때 행복을 느낀다. 이 세 가지 요소를 매일 밤 평가하여 저녁식사가 어땠는지, 어떻게 하면 더 낫게 만들 수 있는지 알아낸다. 예를 들어 아이들이 시금치를 입에도 대지 않고 브로콜리를 맛있게 먹는다면 그런 성향을 고려하여 아이들한테 더 건강한 식단을 짠다. 하지만 목표를 달성하려면 몇 가지 제약 사항을 고려해야 한다. 남편은 소금을 먹어서는 안 되고 아들 중 한 명은 햄버거를 좋아하지 않는다(하지만 닭고기는 좋아한다). 그리고 예산이나 시간, 요리에 대한 관심이 무제한이지는 않다.

여러 해 동안 위와 같이 했더니 어느덧 오닐은 그 과정에 매우 능숙해졌다. 언제부턴가는 크게 공을 들이지 않고도 가족을 위해 최상의 식단을 마련하는 방안을 알 수 있었다. 이제 컴퓨터가 그 과제를 맡는다고 하자. 어떻게 그녀는 이 기계에게 식단 결정을 맡길 수 있을까? 우선 목표를 표준화하는 방법을 생각해낸다. 가족이 맛있고 건강한 음식을 충분히 먹는지를 우선하려면 (a) 칼로리 (b) 만족도 점수 (c) 각 영양소별 일일 권장량의 비율을 살펴봐야 한다. 또한 제약 사항들을 정량화하는 법을 찾아내야 하는데, 이를테면 예산의 상한 설정하기가 그 예다. 무엇을 어떻게 표준화할지 정하고 나면 데이터 수집을 시작한다. 먼저 있을 수 있는 조리법의 목록을 작성하는데, 여기에는 준비 시간, 재료 가격, 영양가도 포함된다. 한 끼니마다 양과 건강 면에서 가족 구성원들은 1에서 10까지 점수를 매길 수 있다.

이 데이터로 오닐은 가족이 매일 정확히 무엇을 먹어야 할지를 담은 프로그램을 개발할 수 있었다. 하지만 스스로 학습하는 프로그램도 개발할 수 있다. 모든 내용이 수의 형태로 제공되기만 한다면 컴퓨터는 식사와 목표 사이의 상관관계를 분석할 수도 있다. 그리고 아마도 알고리즘은 오닐이 미처 몰랐던 패턴을 포착해낼지 모른다. 예를 들어 아이들이 전날 팬케이크를 먹었다면 새싹 채소를 더 많이 먹게 되는 패턴을 간파해내는 것이다. 그리하여 컴퓨터는 인공지능의 한 유형인 기계학습을 이용해서 사전에 프로그래밍하지 않았던 과제를 단계적으로 배운다.[16] 희한하게도 알고리즘은 자기학습 능력으로 매우 복잡해져서 아무도, 심지어 프로그래머조차도 소프트웨어가 어느 단계를 밟고 있는지 모를 정도가 될 수 있다.

요약하자면 오닐은 요리를 표준화하고, 데이터를 수집하고, 소프트웨어가 데이터를 분석하게 만들 것이다. 이런 단계들은 앞에서 이미 나오지 않았나? 바로 플로렌스 나이팅게일과 아치 코크런 등이 밟았던 것과 똑같은 단계들이다. 그리고 알고리즘 역시 앞에서와 마찬가지로 각각의 단계에서 많은 것이 잘못될 수 있다.

알고리즘의 위험한 활용

금융 분야에서 탈라와 같은 회사들은 빅데이터를 이용하여 고객의 신용도를 평가한다. 2009년 이후로 3억 명 이상에게 신용점수를 부여해오고 있는 제스트파이낸스ZestFinance를 예로 들어보자. 전직 구글 CEO 더글러스 메릴Douglas Merrill이 세운 이 회사의 주장에 따르면, 전통적인 신용점수 체계는 '소규모 데이터little data'로 인해 방해를 받고 있다.[17] 페어와 아이작이 고안한 신용점수는 '50가지 미만의 데이터 요소'를 이용하는데, 이는 '임의의 특정 개인한테서 얻을 수 있는 공개 데이터의 미미한 일부'일 뿐이다. 이와 대조적으로 제스트파이낸스는 누군가를 평가하기 위해 3,000개 이상의 변

수를 이용한다.[18]

　네덜란드에서도 수많은 회사가 빅데이터를 이용해 고객의 지불 성향을 측정한다. 네덜란드의 데이터 거래 회사 포큄Focum은 1과 11점 사이의 점수를 부여한다.[19] 채무를 아직 갚지 않았는가? 그렇다면 채무액이 20~20,000유로 사이에서 어느 수준인지에 따라 최대 10점까지 신용점수가 내려간다. 그 결과는 보험회사에서 주택공사까지, 전력회사 바텐팔Vatenfall에서 휴대폰 회사 보다폰Vodafone까지 신용점수를 사려고 하는 누구에게나 팔린다. 신용점수가 나쁘다는 것은 휴대폰 가입 계약을 거절당하거나 새로운 에너지 공급업체와 계약할 때 많은 보증금을 내야 한다는 뜻일 수 있다. 포큄은 1,050만 명의 네덜란드인에 관한 데이터를 보유하고 있다고 주장하는데, 이는 총인구 1,700만 명인 나라치고는 정말 많은 수치다.

　이 모든 게 무슨 잘못이냐고 묻는 사람도 있을 것이다. 어쨌거나 신용점수는, 케냐의 제니퍼 이야기가 증명하듯이 기회도 제공하지 않느냐고 말이다. 하지만 신용점수는 의외로 개개인의 인생에 더 큰 영향을 끼칠 수 있는데, 그것이 언제나 꼭 긍정적인 영향은 아닐 수 있다.

　앞서 보았듯이 IQ 점수는 지능과 같은 무형적인 것의 근사approximation다. 신용점수도 마찬가지다. 신용점수는 장래에 대출금을 갚을 가능성이 얼마나 높은지를 가늠하게 해준다. 달리 말해서 신용점수는 예측일 뿐이다.

많은 빅데이터 모형이 미래를 예측하려고 한다. 미국의 형사사법 제도에서는 범죄자의 재범 가능성을 예측하는 계산을 한다. 이 기계는 어떤 이가 일찍 석방되느냐 마느냐를 결정하는 데 어느 정도 영향을 끼친다.[20] 그리고 심각한 결과를 초래하기도 한다. 이런 종류의 예측 뒤에 있는 통계모형들은 결코 치밀하지 않다. 언제나 상당한 정도의 불확실성을 안고 있다. 미래에 무슨 일이 생길지 정확하게 예측하기는 어렵기 때문이다. 그런데 그런 예측이 어떤 사람이 하는 행동의 근사일 뿐이라는 점을 잊는다면 우리는 부적합한 데이터를 바탕으로 사람들을 판단하고 만다.

신용점수는 또한 미래의 행동 이외의 것을 표현하는 데 사용되는 경향이 있다. 신용점수가 단지 대출을 받는 데만 사용되지는 않는다는 말이다. 바로 추상적인 신뢰성의 척도로 사용된다. 미국 데이트 사이트인 CreditScoreDating.com('좋은 신용은 섹시하다'라는 모토를 지닌 곳)에 접속하면 신용점수를 통해 여러분과 딱 맞는 사람을 찾을 수 있다.

금융 정보의 사용은 훨씬 더 멀리 간다. 2012년 인력 채용 전문가들을 대상으로 한 미국의 연구에 따르면, 고용주들의 약 47퍼센트가 구직자의 금융 이력을 확인했다.[21] 신용카드 채무가 있는 미국 가정들을 대상으로 한 또 다른 연구에서는 응답자 7명 중 1명이 금융 이력이 좋지 않아 취업을 거부당했다.[22]

이렇게 금융 이력을 조사받는 경우는 드문 일로, 미국인 전체에게 일어나지는 않는다. 하지만 고용주가 구직자의 배경을 확인한다는 것은 엄연한 사실이다. 미국의 온라인 구인 사이트를 슬쩍 보더라도, 폭죽 판매에서 보험금 청구 심사에 이르기까지 다양한 분야의 고용주들이 신용 확인을 요구하고 있다.[23] 실제로 많은 고용주가 신용점수를 직접 보는 대신에 신용 보고서를 받는다. 어떤 이의 대출 이력을 검토한 보고서 말이다. 고용주는 이 데이터로 입사지원자가 어떤 사람인지 그리고 장래에 부정행위를 저지를지 여부를 평가할 수 있기를 바란다.[24]

하지만 대출 이력과 업무 능력 사이에 관련성이 있다는 증거는 어디에도 없다. 기존의 몇몇 연구들에서도 상관관계가 드러나지 않았다. 제러미 버너스Jeremy Bernerth 연구팀은 개인의 FICO 점수를 성격검사 결과와 비교했다.[25] 신용점수가 높은 사람들은 양심 검사에서 점수가 높게 나왔지만, 점수가 낮은 사람들보다 덜 상냥했다. 다른 특성에서는 차이가 없었다. 더 중요한 점을 말하자면, 신용점수와 부정행위 사이에는 아무 관계가 없었다. 종합하자면 어떤 이의 신용점수 이력을 업무 능력과 신뢰도를 짐작할 수단으로 삼는 것은 잘못이다. 그렇기에 현재 미국의 열한 개 주에서는 고용

주가 구직자의 금융 이력을 요구하면 불법이다.[26]

신용 데이터가 대출 제공에만 전적으로 사용되더라도 주의를 기울여야 하는 것은 변함이 없다. 대규모든 아니든 데이터 수집에서 많은 일이 어긋날 수 있기 때문이다.

쓰레기가 들어가면 나오는 것은 쓰레기다

빅데이터는 데이터 수집 과정의 근본적인 문제들을 해결하는 데 유용할 수 있다. 이름에서 알 수 있듯이 표본 크기는 더 이상 문젯거리가 아니다. 거의 모든 이의 정보가 인터넷에 올라와 있다. 게다가 다양한 가전제품과 장치들(예를 들어 온도조절장치, 자동차, 웨어러블 기기들)이 우리가 하는 일을 추적한다. 두바이, 모스크바, 뉴욕 같은 도시들은 스스로를 스마트시티라고 부른다. 그 도시들은 가로등에 설치된 와이파이 추적기에서 광섬유 케이블 센서에 이르기까지 신기술들로 시민들에 관한 온갖 데이터를 수집한다.

지금 우리는 일상생활에서 신기술이 적용된 기기들을 많이 사용하기 때문에 앨프리드 킨제이의 연구처럼 개인 인터뷰를 실시할 필요가 별로 없다. 요즘에는 사람들이 뭘 하는지 직접 관찰할 수 있다. 데이터과학자 세스 스티븐스 다비도위츠 Seth Stephens Davidowitz

의 표현대로 "구글은 디지털 자백유도제다".²⁷

예를 들어 결혼한 여성들은 남편이 동성애자인지를 알코올의존자인지보다 여덟 배 더 자주 묻는다. 인도에서는 "내 남편은 원한다"라는 말 뒤에 "내가 그에게 젖을 먹여주기를"이라는 말이 가장 자주 나온다. 그리고 미시시피처럼 보수적인 주의 남성들은 설문조사에서 자신들이 동성애자라고 덜 밝히지만, 뉴욕처럼 진보적인 주만큼 동성애자 포르노를 많이 검색한다.²⁸ 앨프리드 킨제이라면 이 데이터를 갖고서 현장조사를 나갔을 것이다.

신용점수를 매기는 회사들은 이 정보화시대에 개인 데이터를 마음대로 얻을 수 있다는 사실을 잘 안다. 더 이상 공식적인 경로로 요구하는 대신 여러분에 관한 정보를 인터넷에서 긁어모은다. 제스트파이낸스의 CEO인 더글러스 메릴의 표현대로 "모든 데이터는 신용 데이터다".²⁹ 그들이 수집하는 데이터는 상공회의소의 등록 정보와 같은 공공 데이터일 때도 가끔 있지만, 어떤 때는 여러분이 (자신도 모른 채) 공유를 허락한 것이기도 하다.

데이터가 애매한 구석에서 등장하는 경우도 있다. 2017년 10월 인베스티코Investico 저널과 네덜란드 주간지 《흐루너 암스테르다머르De Groene Amsterdammer》는 심도 있는 조사 결과를 발표했다. 카르린 카위퍼르스Karlijn Kuijpers, 토마스 뮌츠Thomas Muntz, 팀 스탈Tim Staal 기자가 네덜란드의 데이터 거래 업체들을 취재한 기사였다.³⁰

이 기자들은 일부 신용조사 기관은 채권추심 업체로부터 직접 데이터를 받는다는 것을 알아냈다. 채무를 이행하지 않는 사람들의 금융 이력은 당사자도 모른 채 데이터베이스에 쌓였고, 그 결과 빚을 전부 갚은 지 한참이 지난 뒤에도 계속 블랙리스트에 올라 있었다. 하지만 이런 행위는 불법인데, 왜냐하면 데이터가 공유된다는 사실을 당사자한테 알려야 하기 때문이다.

사용된 데이터가 옳은지 알아내기가 불가능할 때도 자주 있다. 애초에 어떤 데이터가 사용되었는지 불분명하기 때문이다. 인베스티코 소속의 세 기자는 네덜란드 바헤닝언 주택공사를 조사하다가 놀라운 사실을 알아챘다. 이 주택공사는 신용점수가 너무 낮은 사람들한테 공공주택 지원을 거부하면서도 "신용조사 기관이 어떻게 그런 점수를 내놓았는지를 알아야 할 필요는 없다"라고 생각한 것이다. 실제로 확인해보기 위해, 세 기자는 열 명의 사람들한테 자신들에 관한 데이터를 세 군데 신용조사 기관에 요청해보라고 부탁했다. 결과는 초라했다. 얻어낸 데이터가 거의 없었다. 기자들이 사업상의 의뢰인으로 가장해 그 사람들에 관한 데이터 구매를 의뢰하고 나서야, 똑같은 기관에서 광범위한 데이터 보고서를 금세 입수할 수 있었다.

갑론을박할 것도 없이 데이터에는 오류가 빈번하다. 미국 연방거래위원회FTC가 2012년에 표본 조사를 통해 밝힌 바에 따르면, 세 군데 주요 신용조사 기관 중 한 곳에서는 4개 중 1개꼴로 보고서에서 오류가 발견되었다.[31] 그리고 20명당 1명꼴로 실제 정보와 너무 달라 그 사람들은 부당하게 높은 대출이자를 낼 수 있었다.

다른 데이터에서도 비슷한 실수가 불쑥 나타난다. 2009년과 2010년 사이에 영국에서는 남성 1만 7,000명이 임신한 것처럼 보였다. 글자 그대로 임신한 남성이다. 그들의 치료 기록을 등록한 코드가 산부인과 치료 코드와 뒤섞여버렸기 때문이다.[32] 데이터 오류는 어디에서나 생긴다. 이를테면 도시 데이터베이스의 틀린 주소, 과세 당국과 고용보험공단에 제출된 부정확한 소득 액수, 경찰 데이터베이스의 틀린 범죄자 정보 등이 그렇다. 따라서 숫자를 맹신해서는 곤란하다.

가끔은 서툴러서가 아니라 악의로 문제가 생기기도 한다. 미국의 가장 큰 신용조사 기관 중 한 곳인 에퀴팩스Equifax는 2017년에 자사가 해킹을 당했다고 발표했다. 거의 1억 5,000만 명(미국 총인구의 거의 절반)의 데이터가 도난당한 것이다.[33] 수많은 사람의 이름, 출생정보, 주소, 사회보장번호가 암시장에 팔릴 수 있게 되었고, 누군가는 그것을 도용해 신용카드를 신청하고, 소득신고서를 제출하고, 심지어 집을 살 수도 있게 됐다. 미국에서 사실상 거의 모든 거래를 실행할 수 있는 정보들이 도난당한 것이다. 말할 필요도 없이, 이런 행위로 발생한 데이터는 정작 정보를 도난당한 당사자와는 별 상관이 없다.

통계학의 오랜 격언에 이런 것이 있다. "쓰레기가 들어가면 나오는 것은 쓰레기다." 가장 원활하게 작동하는 기계학습 알고리즘을 만들 수는 있지만, 데이터에 결함이 있으면 그 알고리즘은 무용지물이다. 그런데 데이터 문제가 사라지고 완전무결한 데이터를 마음껏 사용할 수 있다고 가정해보자. 그렇다면 알고리즘에 우리의 운명을 맡길 수 있을까?

알고리즘도 혼동하는 상관관계 vs 인과관계

FICO 점수와 같은 전통적인 신용점수는 오직 우리에 관한 데이터만을 바탕으로 한다. 돈을 빌린 적이 있는지, 얼마만큼 빌렸는지, 그리고 제때 갚았는지 등의 기록을 통해서 우리가 장래에 대출금을 갚을지 예측할 수 있다는 것이 신용점수 제도의 기본 가정이다.

하지만 그런 추론이 타당하지 않다고 볼만한 마땅한 사례가 하나 있다. 빚은 종종 높은 의료비용이나 갑작스러운 실직 때문에 생긴다. 어떤 사람은 이런 비용을 저축해놓은 돈으로 해결할 수 있지만, 누구나 그럴 만큼 충분한 자본을 갖고 있는 것은 아니다. 이렇게 보자면 신용점수는 신뢰성의 척도만이 아니라 순전히 운의 척

도이기도 하다.34

　빅데이터의 신용점수 계산은 한 단계 더 나아간다. 제니퍼와 그녀의 가판대로 돌아가보자. 어떻게 탈라는 그녀가 대출을 받을 자격이 있다고 결정했을까? 제니퍼는 그 회사가 앱을 통해 자신의 휴대폰에 접근할 수 있게 허용했는데, 그 결과 이 앱은 분석을 기다리는 방대한 데이터를 보유하게 된다. 이를테면 그녀가 자주 움직이긴 하지만 대부분은 집 아니면 가게에 있다는 일정한 패턴을 보여주는 위치 데이터, 우간다에 있는 가족 외에도 89명의 사람과 연락을 주고받는다는 휴대폰 사용 데이터 등이 그 예다. 탈라의 알고리즘에 따르면 이 요소들 각각은 제니퍼가 대출을 갚을 가능성을 높여준다. 예를 들어 사랑하는 사람들과의 정기적인 연락은 이 가능성을 4퍼센트 높인다. 일관된 일상생활 패턴과 58명(탈라가 기준으로 삼는 수)이 넘는 사람들과의 연락도 긍정적인 신호로 보인다.

　제니퍼의 사례에서 보이듯이, 빅데이터 신용점수는 전통적인 신용점수와 다르게 작동한다. 알고리즘은 우리가 무엇을 했느냐만이 아니라 우리와 비슷한 사람들이 무엇을 했는지도 살핀다. 알고리즘은 데이터에서의 관련성(상관관계)을 찾아서 우리가 무엇을 할지를 예측한다. 여기서는 예측만 올바르게 할 수 있다면, 어떤 숫자라도 환영이다.

　어떤 사람의 이력서에 적힌 글조차도 그의 신용도를 보여주는 단서일 수 있다. 제스트파이낸스의 더글러스 메릴이 2013년에 내놓은 견해에 따르면, 대문자로만(또는 소문자로만) 작성된 이력서는 형편없는 대출금 상환 행태를 가리키는 신호일 수 있다.[35] 쇼핑 습관도 어떤 사람이 대출을 갚을지 여부를 알려줄 수 있다. 2008년 아메리칸익스프레스는 자사 미국 고객들 중 일부의 신용카드를 사용 중지시키기로 결정했다.[36] 회사의 설명은 이랬다. "최근에 당신이 쇼핑한 상점들에서 신용카드를 사용한 다른 고객들의 아메리칸익스프레스 카드 대금 상환 이력이 나빴습니다." 나중에 아메리칸익스프레스는 특정 상점들을 블랙리스트에 올렸다는 것을 부인했지만, 신용도를 모니터링하기 위해서 '수백 가지 데이터 요소'를 사용했다는 것은 시인했다.

또 하나의 데이터 금광은 바로 소셜미디어SNS다. 2015년 페이스북은 사용자의 SNS를 이용해서 신용점수를 계산하는 특허를 획득했다.[37] 어떤 원리로 그렇게 할까? 만약 여러분의 친구가 금융 이력이 나쁘다면 여러분 또한 대출금을 성실하게 갚는다는 믿음을 주기 어려울 수 있다. NEO파이낸스NEO Finance도 이미 링크드인LinkedIn 데이터를 이용하여 이력서가 진실한지 여부를 확인하고 지원자의 '특징과 능력'을 평가하고 있다.[38]

은행 직원들이 인종, 젠더, 계급에 대한 편견을 바탕으로 결정을 내리던 때도 있었다. FICO의 신용점수는 바로 그러한 부조리를 끝

내려고 만들어졌다. 하지만 빅데이터 신용점수가 등장하면서 우리는 옛날 은행 직원들과 똑같은 짓을 하고 있는 듯하다. 즉 어떤 사람을 그가 속한 집단에 따라 판단한다.

오늘날 그런 판단을 받는 집단의 예로 대문자로 글을 쓰는 사람들, 싸구려 제품을 찾아다니는 사람들, 친구가 없는 사람들 등이 있다. 속을 들여다보면 이러한 집단들은 별로 새롭지 않다. 대문자 사용은 교육 수준과 관련되고 어디에서 물건을 사는지는 우리의 소득에 관해 많은 내용을 알려준다. 링크드인 연락처 갖기는 직업 유무와 관련이 있다. 따라서 알고리즘은 교육을 많이 받았느냐 적게 받았느냐, 가난하냐 부자냐, 직장이 있느냐 없느냐 등으로 예전 은행 직원들과 똑같이 차별을 한다. 이를 가리켜 통계학자는 상관관계라고 부르지만, 보통 사람들은 편견이라고 부른다.

그렇다면 빅데이터를 갖춘 요즘, 상관관계와 인과관계를 어떻게 보아야 할까? 기술 전문 잡지《와이어드Wired》의 전 편집장 크리스 앤더슨Chris Anderson에 따르면, 그 점을 걱정할 필요가 없다. 그는 2018년 자신이 쓴 영향력 있는 기사〈이론의 종말The End of Theory〉에 특정한 관계에 관한 설명은 중요하지 않다며 이렇게 썼다.[39] "구글의 설립 철학은 이 페이지가 다른 페이지보다 더 나은 이유를 우리는 모른다는 것이다. 만약 통계가 (…) 그렇다고 하면 충분하다." 황새와 아기 이야기에서 보았듯이 인과관계가 사실은 상관관계가 아니며, 앤더슨에 따르면 더 이상 중요하지 않다. "막대한 데이터 덕분에 우리는 이렇게 말할 수 있다. '상관관계로 충분하다.'"

사실은 순진하기 짝이 없는 말이다. 빅데이터 시대라도 여전히 상관관계로는 충분하지 않다. '구글 플루 트렌드Google Flu Trends'를 예로 들어보자. 이 독감 통계 서비스는 2008년에 열렬한 환호를 받으며 시작되었다.[40] 구글은 검색을 이용하여 언제 어디에서 얼마나 많은 독감이 발병하는지 예측할 수 있다고 확신했다. 사람들이 아프면 증상을 구글로 검색할 것이라는 발상이었다.

당시 구글 CEO 에릭 슈미트Eric Schmidt는 매년 수만 명이 그 예측모형 덕분에 목숨을 구할 수 있으리라고 장담했다.[41] 처음에는 그의 말이 옳은 듯했다. 2~3년 동안 그 예측모형은 언제 그리고 어디에서 독감이 발병할지를 꽤 정확하게 예측했다. 하지만 그 후로는 알고리즘의 예측이 번번이 틀렸고, 2013년에는 실제 독감 발병 건수의 두 배를 예측해내서 몹시 낮은 적중률을 보였다.[42]

어디서 잘못되었을까? 알고리즘 제작자들은 5,000만 가지 검색어 중에서 독감 발병의 진행과 가장 큰 상관관계를 갖는 45가지 검색어를 선별했다. 그다음에 이들 검색어에 관한 검색들을 추적했다. 논리적인 방법처럼 보이지만, 소규모의 데이터에서 생기는 젤리빈 문제가 잠복해 있었다. 오래 살펴보면 어떤 상관관계라도 나오게 마련이라는 얘기다.

설상가상으로 빅데이터가 이 문제를 훨씬 더 심각하게 만들었다. 변수가 많아질수록 유의미해 보이는 상관관계들이 많아지기 때문이다. 단지 우연일 뿐인데도 말이다. 이를테면 연구자들은 검색어 '고등학교 농구'와 독감의 전파 속도 사이에서 강한 상관관계를 발견했다.[43] 모형 제작자들은 그런 의심스러운 온갖 상관관계를 모형에서 일일이 제거했다. 하지만 무엇이 의심스러운 상관관계인지 결정하기란 언제나 쉽지 않았는데, 어떤 것이 우연의 일치인지 어떻게 알아낸다는 말인가? 예를 들어 검색어 '손수건'은 겨울이기 때문에 많이 나온 것인가 아니면 독감 발병을 알리는 신호인가?

구글 플루 트렌드의 또 한 가지 문제는 설계자들이 구글 자체 검색엔진의 설계 변경과 같은 중요한 사항을 무시했다는 것이다. 2012년부터 구글 웹사이트는 어떤 사람이 '기침' 또는 '열'을 검색하면 상관관계가 있는 병명을 보여주었다. 그런 병 가운데 하나는 바로 독감이었다. 그래서 사람들은 자연스레 독감에 관한 정보를 검색하기 시작했는데, 이로 인해 구글 플루 트렌드가 독감 발병률을 과하게 예측하고 말았다.

신용조사 기관들의 알고리즘 역시 구글 플루 트렌드와 마찬가지로 예측한다. 그들의 예측에도 의심스러운 상관관계들이 숨어 있으며, 마찬가지로 중요한 성능 변경이 방해요소로 작용할 수 있다. 이를테면 어떤 앱에서 특정한 단어를 사용해야 한다는 것이 상식이 되고 나면 사람들은 그런 점을 역이용하여 상관관계들을 무의미하게 만들 수 있다.

이런 두 가지 문제점을 더 이상 걱정하지 않게 되는 미래가 온다고 가정해보자. 다시 말해 의심스러운 상관관계를 포착해내고 변화를 실시간으로 모니터링하는 방법이 나온다고 말이다. 하지만 여전히 해결할 수 없는 문제가 있을 것이다. 왜냐하면 우리가 신용점수를 사용하는 방식이 그 점수가 어떻게 나올지에 여전히 영향을 끼칠 테니까.

숫자가 오히려 진실을 바꾸어버렸다

"당신이 나를 고용하지 않기 때문에 나는 (교육에) 투자하지 않는다."

"당신이 투자하지 않기 때문에 나는 당신을 고용하지 않는다."

2003년 미국 버지니아주에서 이런 대화가 오갔다.[44] 고용주와 구직자 사이의 격렬한 말싸움이었을지도 모른다. 아마도 구직자가 피부색 때문에 거절당했을 수도 있고, 어쩌면 고용주가 이력서를 슬쩍 보고서 학력이 부족하다고 판단했을 수도 있다.

하지만 구직자는 흑인이 아니었고, 보라색 피부였다(인종을 논할 때 등장하는 가상의 색이 보라색이다. 실제 보라색 피부를 지닌 인종이 없기에, 이 피부색을 사용하면 안전하다고 여기기 때문이다 - 옮긴이). 그리고 대화를 나눈 두 사람은 실제 구직자와 고용주가 아니라 하버드 대학교 교수 롤랜드 프라이어Roland Fryer와 동료들이 실시하는 실험에 참여한 학생들이었다. 이들은 연구를 통해 수에만 초점을 맞출 때 평등한 세상이 얼마나 빨리 탈선할 수 있는지 밝혀냈다.

실험에서 학생들은 '고용주'와 '녹색 피부의 구직자' 또는 '보라색 피부의 구직자'로 무작위 할당되었다. 매회 실험 때마다 구직자는 자신의 교육에 투자할지 여부를 선택해야 했다.

다만 유의해야 할 점이 있었다. 학생들은 실험 참가비를 받았는데, 교육에 투자할 수 있는 돈이었다. 한편으로 학생들이 '검사'(만약 자신의 교육에 투자했다면 유리한 결과가 더 자주 나오는 변형된 주사위로 실시하는 검사)에서 높은 점수를 얻을 가능성이 커지면, 돈을 더 벌 가능성도 커졌다. 고용주들은 점수가 높은 구직자를 선호했는데, 교육을 많이 받은 직원이 더 많은 돈을 벌어들였기 때문이다. 하지만 이 실험에서 고용주는 검사 결과만 볼 것이기 때문에 구직자가 실제로 교육을 많이 받았는지를 100퍼센트 확신하지 못했다. 실험은 현실과 매우 비슷하다. 고용주는 구직자가 자기가 원하는 요건을 갖췄는지 확실하게 알지는 못하며, 시험점수와 같은 불완전한 기준에 따라 판단할 뿐이다.

실험 첫 회에서 보라색 피부의 구직자들이 자신의 교육에 돈을 조금 적게 투자했다. 이는 구직자의 정체성과는 관련이 없었는데, 피부색은 무작위로 할당되었기 때문이다. 그다음 회에서 고용주들은 통계를 보고 보라색 피부의 직원은 뽑지 않는 게 낫겠다고 여겼다. 한편 보라색 피부의 구직자들은 녹색 피부의 구직자들이 더 많이 고용되었다는 걸 알았을 때, 다시 교육에 투자를 덜하기로 결정했다. 자신들이 투자한 만큼 구직 가능성이 높아지지 않은 것처럼 보였기 때문이다.

흥미롭게도 모든 사람은 나름대로 합리적인 방식으로 행동했다. 숫자로 판단하는 것은 최상의 전략처럼 보였으니까. 하지만 실험 20회 만에 악순환의 고리가 등장하여 지극히 불평등한 세상이 되고 말았다. 프라이어는 팀 하포드Tim Harford에게 "깜짝 놀랐습니다"라고 말했다. 하포드가 저서 《경제학 콘서트2 The Logic of Life》에서 그 실험을 소개한 대목에 나오는 내용이다. "처음의 불균형은 우연히 생겼는데, 사람들이 거기에 매달리다 보니 불균형이 사라지지 않더군요."

실제 세상은 이 멋진 실험보다 훨씬 복잡하다. 하지만 이 실험은 강력한 메시지를 던져준다. '수는 세상의 모습을 만드는 원인이자 동시에 결과이기도 하다.' 수는 현실의 수동적 기록인 것처럼 보일지 모르나, 실제로는 그렇지 않다. 수야말로 현실을 창조한다. 그리고 현재 빅데이터의 등장에서 알 수 있듯이, 더 많은 수가 세상을 지배할수록 세상은 수로 인해 더 많이 바뀔 것이다.

'예측 치안predictive policing'을 예로 들어보자. 이것은 누가 범죄자일지를 알아내기 위해 경찰이 사용하는 알고리즘이다. 미국의 데이터로 보면 가난한 흑인 청년 남성과 범죄율 사이에 분명한 상관관계가 있다. 이 알고리즘을 바탕으로 경찰은 데이터가 지목한 동네와 개인에 경찰력을 집중하길 원할 것이다. 그 결과는 어떨까? 인종 프로파일링 때문에 무고한 사람이 많이 체포되고 있다. 그리고 특정한 사람들을 더 자주 체포하면 그런 사람들이 자동으로 통계에 더 많이 포함되고 만다. 그 결과 부유한 백인 범죄자들을 놓치게 되는데, 이들은 경찰의 치안활동 범위 밖에 속하기 때문이다. 따라서 당연히 후속 통계에서 피부색과 범죄율 사이에 훨씬 더 강한 상관관계가 나타날 것이다.

신용점수도 마찬가지다. 특정한 성향을 지닌 사람들일수록 대출을 받기가 더 어려워지는데, 그러면 더 빠르게 가난에 내몰리게 되어 대출받기가 훨씬 더 어려워지고, 그 결과 가난이 더 가속화하는 식이다. 이와 같은 알고리즘들은 자기가 내놓은 예측을 자기가 실현하는 자기충족적 예언가가 되어버린다.

진실을 파악해야 하는 수가 진실을 바꾸어버리는 셈이다.

수로 무엇을 얻길 원하는가?

2014년 중국 정부는 2020년부터 전국 차원의 '사회적 신용 시스템'을 도입할 예정이라고 발표했다. 중국의 지도자들에 따르면, 이는 "조화로운 사회주의 사회 건설"[45]을 위해 필수적인 계획이었다. 이 신용 시스템은 신용이 높은 사람은 무엇이든 다 할 수 있게 하고 신용이 낮은 사람은 뭐든 하기 어렵게 만들 것이었다. 지난 몇 년 동안 우리는 그 시스템을 슬쩍 엿볼 수 있었다. 2015년 중국의 중앙은행이 여덟 개 회사를 선별해서 실험에 착수했기 때문이다.[46]

그중 한 회사가 앤트그룹Ant Group인데, 무엇이든 파는 온라인 쇼핑 플랫폼 알리바바Alibaba의 결제 앱 알리페이Alipay를 운영하는 중국 회사다. 이 앱에는 5억 명 이상의 중국 사용자들이 가입되어 있으며[47] 쇼핑몰에서의 지불, 기차표 구매, 음식 주문, 택시 호출, 대출받기, 공과금 납부, 벌금 납부 그리고 친구 사귀기 등 아주 다양한 서비스를 제공한다. 마치 은행 앱에 아마존, 페이스북, 우버, 교통카드를 합쳐놓은 것과 같다. 그런데 중국 중앙은행의 지시에 따라 새로운 서비스가 하나 추가되었다. 사용자에게 온갖 혜택을 제공하는 포인트 시스템인 즈마크레딧Zhima Credit 서비스다.

즈마크레딧을 통해 사용자들은 350점에서 950점 사이의 점수를 받는다.[48] 점수가 높으면 우대 환율을 적용받고, 자동차를 빌릴 때 보증금을 내지 않아도 되고, 기차역에서 전용 대기실을 사용할 수도 있다. 높은 점수는 사회생활을 위해서도 좋다. SNS에서 자랑할 수 있고 데이트 앱에서 눈에 띄는 위치에 올라갈 수 있다. 즈마크레딧은 이름이 암시하듯이 문을 열어준다(즈마는 '참깨'라는 뜻의 중국어로, '열려라, 참깨'와 연결지어 설명한 것이다 – 옮긴이).

그렇다면 어떻게 해야 점수를 모을까? 공과금을 제때에 납부하고, 꼬박꼬박 월 임대료를 내고, 대출금을 상환해야 한다. 개인정보(주소, 직업, 자격 사항)를 입력하면 점수가 더 높아진다. 그 앱으로 구매한 물품은 어떤 결과로 이어질까? 앤트그룹의 기술 부문 이사는 《와이어드》와의 인터뷰에서 게임을 너무 많이 주문하면 점수가 나빠지지만 기저귀를 많이 사면 점수가 올라간다고 설명했다. 회사 측에서는 나중에 이 말을 부인했지만, 그럴듯하게 들린다. 만약 알리페이 앱이 어떤 데이터를 어떻게 수집하는지 알고 나면 그 신용점수 시스템으로 할 수 있는 일은 무궁무진하다.

게다가 즈마크레딧은 다른 곳에서 얻은 데이터도 이용한다. 만약 여러분이 부정행위를 저지른 적이 있다면 슬픈 일이 닥칠지 모른다. 즈마크레딧의 이사는 2015년의 전국 입학시험에서 부정행위를 저지른 학생들의 명단을 확보하고 싶어했는데, 이유는 '부정직한 행동'에 대해 처벌을 내리기 위해서라고 밝혔다. 그 회사는 벌금을 납부하지 않은 수백만 명의 정보가 담긴 정부의 블랙리스트를 이용하여 그들의 신용점수를 낮추기도 했다.

빅데이터는 위협적이다. 전례가 없을 정도로 규모가 방대하며 알고리즘들은 때로 너무 복잡해서 개발자들도 이해할 수 없다. 하지만 결국 빅데이터도 소규모 데이터와 근본적인 목적은 똑같다. 그 수로 무엇을 얻고 싶은지가 핵심이다. 중국의 입장에서 사회적 신용 시스템의 목표(조화로운 사회주의 사회 건설)는 명백할지 몰라도, 우리는 어떤 알고리즘이든 도덕적 선택이 관여한다는 점을 꼭 알아야 한다.

알고리즘들은 저마다 무언가를 최적화하려고 한다. 이를테면 유튜브는 우리가 가능한 한 오래 시청하기를 원하는데, 그래야 광고료가 더 많이 들어오기 때문이다.[49] 동영상의 내용이 믿을 만하냐 여부는 별로 중요하지 않다. 전직 구글 엔지니어이자 알고트랜스페어런시AlgoTransparency 웹사이트의 설립자인 기욤 샬로Guillaume Chaslot는 유튜브의 알고리즘을 파헤치기 시작했다. 그러고는 어느 유튜브 알고리즘이 지구가 평평하다고 설명하는 동영상이나 미셸 오바마가 남자라고 폭로하는 동영상을 추천했다는 사실을 알아냈다. 샬로는 《가디언The Guardian》에 "유튜브에서 거짓이 진실보다 실적이 좋다"라고 밝혔다.

경찰도 예측 치안 알고리즘을 사용할 때 보안을 최적화하려고 한다. 하지만 이 목표는 정의와 충돌한다. 무고한 사람들을 체포하는 일이 정당화될 수 있을까? 그것은 어떤 결과를 얻길 원하는지에 달려 있다. 신용점수도 마찬가지다. 미국 연방거래위원회의 발표에 따르면 신용 보고서 20개당 1개꼴로 심각한 오류가 있었다. 신용조사 기관들의 연합체인 미국 소비자데이터산업협회CDIA는 그것을 두고 어쨌거나 소비자의 95퍼센트는 실수로 인해 영향을 받지 않았다며 긍정적으로 해석했다.[50]

하지만 5퍼센트는 클까 작을까? 이는 신용점수로 무엇을 하려는지에 따라 달라질 것이다. 대출 기관들은 주로 금융 업체다. 그들의 목표는 수익 창출이다. 이 관점에서 보면 95퍼센트의 소비자는 완벽하게 훌륭하다. 그들에게 신용 보고서가 공정한지 여부는 별로 중요하지 않다. 돈을 빌리는 사람은 고객이 아니라 상품인 셈이다.

우리는 정신을 바짝 차려야 한다. 사회적 신용 시스템을 도입하자는 발상은 독재정권에서 나온 무자비한 수단인 것처럼 보일지 모르지만, 영국을 포함한 여러 나라에서도 인간은 온갖 측면에 대해 점수가 매겨진다. 기술이 지배하는 세계에서 우리는 기자 마우리츠 마르틴Maurits Martijn과 디미트리 토크메치스Dimitri Tokmetzis의 표현대로 '점수판 사회'[51]에 살고 있다.

신용평가사는 우리가 채무를 제대로 이행할 수 있는지를, 보험회사는 우리가 건강하게 지낼지를, 과세 당국은 우리가 탈세를 저지를지를, 경찰은 우리가 법을 어길지 여부를 계산하려고 한다. 이런 계산은 우리의 일상에 영향을 끼친다. 대출을 거절당하거나 더 많은 보험료를 내거나 납부 독촉장이 날아오거나 체포되는 것이다. 그리고 가장 큰 타격을 입는 쪽은 사회에서 가장 열악한 위치를 차지하고 있는 사람들이다.

빅데이터가 세상을 더 좋게 만들 수는 있다. 나이로비의 제니퍼만 봐도 대출 덕분에 생활이 나아질 수 있었다. 하지만 제니퍼와 같은 사람들을 도울 수 있는 바로 그런 알고리즘이 수백 년 동안 이어지고 있는 불평등을 유지시키거나 새로운 불평등을 만들어낼 수도 있다.

'좋거나 나쁜' 것은 알고리즘 자체가 아니라 우리가 알고리즘을 사용하는 방식이다. 그런 까닭에 알고리즘이 어떤 목적에 봉사하는가라는 논의가 대단히 중요하다. 우리의 목표는 진실 밝혀내기일까 아니면 수익 창출일까? 안전과 자유 중 어느 쪽을 우선시할까? 정의냐 아니면 효율이냐? 이는 도덕적 딜레마지 통계적 딜레마가 아니다.

데이터가 아무리 신뢰할 만하고 인공지능이 아무리 발전하더라도 알고리즘은 결코 객관적이지 않다. 이런 주의사항을 잊으면 우리는 우연히 컴퓨터에 재능을 갖게 된 사람들한테 도덕적 결정을 맡기게 된다. 무엇이 좋고 무엇이 나쁜지는 그런 사람들이 프로그래밍하는 동안에 결정되고 만다.

6장

숫자 본능을 이기는 힘

수가 그릇되게 사용되고 있음을 알아차리고 싶다면, 자신의 직감을 이해하는 것이 중요하다. 하지만 가장 중요한 질문은 이것이다. 수 뒤에 누가 있는가? 그 사람이 결과에 이해관계가 있는가?

"한 잔의 알코올도 너무 많다." 2018년 4월 네덜란드의 방송사 NOS의 웹사이트에 들어갔더니 이 표제가 번쩍하고 떴다.[1] 하루에 술을 한 잔 넘게 마시면 일찍 사망할 확률이 높아진다는 보도였다.[2]

그 기사는 저명한 학술지《랜싯The Lancet》에 발표된 한 연구를 다루었다. 총 60만 명쯤의 실험 참가자들을 대상으로 한 83건의 연구 결과를 종합한 내용이었다.[3] 인상적으로 보였지만, 이걸 보더라도 상관관계가 인과관계와 똑같지는 않다.

비나이 프라사드Vinay Prasad도 이 점을 간파했다. 미국인 의사이자 연구자인 프라사드는 증거기반 의학에 정통한 인물로서,《랜싯》에 발표된 그 연구를 속속들이 살핀 뒤 따끔한 트윗을 올렸다. "과학자 한 팀이 쓰레기 과학과 의학 뉴스를 향한 인간의 갈증이란 해소될 수 없는 것임을 증명해내다."[4]

프라사드는 서른 개 이상의 트윗을 잇달아 올려서 위의 말을 자세히 설명했다. 그는 이전 장에서 우리가 살폈던 출판편향을 언급했다. 또한 프라사드의 주장에 따르면 그 연구에서 참가자들은 짧은 시간 동안만 모니터링되었으며, 비록 맥주를 마시는 사람들한 테서 치사율이 높게 나타나긴 했지만 와인을 마시는 사람들한테 는 치사율이 미미했다. 프라사드는 이를 다음과 같이 해석했다. "알 코올보다는 맥주를 마시는 사람들의 낮은 소득이 건강에 악영향을 끼쳤다."

내가 보기에도 술 한두 잔은 전혀 문제될 것이 없었다.

틀린 연구 결과가 왜 계속 나올까?

온라인 언론 플랫폼 《코레스폰던트》의 수학 전문기자로서 첫 기사를 쓰고 있을 때 나는 수의 오용이라는 고질적인 문제의 해결책을 안다고 생각했다. 그 해결책이란 바로 더 많은 지식이었다. 경제협력개발기구 OECD에 따르면, 선진국의 성인 4명 중 1명은 수리 능력이 최하위 수준이어서 통계와 도표를 해석하기 어려워했다.[5] 수학불안 mathematics anxiety이 매우 심각하다는 뜻인데, OECD가 2012년에 내린 결론에 따르면, 15세 연령 인구의 약 30퍼센트가 수학불안에 시달린다.[6]

나는 뉴스 소비자들이 수가 어떻게 작동하는지 이해할 수 있다면, 누구나 수학불안에서 벗어나 수의 오용을 자동으로 간파해내리라고 생각했다. 그래서 나쁜 여론조사, 오차범위, 상관관계와 인과관계에 관한 글을 쓰기 시작했다. 나는 수를 잘못 이해하지 않도록 여러 가지 오류를 알아차리는 법을 설명하려고 했다.

더 많은 지식이 궁극적인 해법이라는 생각은 대단히 논리적으로 보였다. 기후과학자가 기온 그래프를 발표할 때, 기자들이 정치적 발언을 두고 사실을 확인할 때, 정치인들이 토론에서 경제 수치를 꺼낼 때 그들은 실수를 하지 않으려고 더 많은 정보를 제시한다.

하지만 수의 오용에 관한 글을 쓰면 쓸수록 과연 지식이 유일한 해법인지 자꾸만 의심이 들었다. 나는 여러 작가와 함께 이 주제에 대한 인식을 높이고 싶었지만 바뀌는 건 별로 없는 듯했다. 대럴 허프는 이미 60년도 더 전에 수의 주요한 함정들을 《새빨간 거짓말, 통계》에서 소개했다. 이 책이 베스트셀러가 되었는데도 똑같은 실수는 여전히 벌어지고 있다. IQ와 피부색에 관한 논의가 세대마다 등장하고, 대표성이 없는 여론조사가 계속해서 많은 관심을 끌며, 상관관계와 인과관계를 혼동하는 의학 뉴스가 거의 매일 등장한다.

몇 가지 질문을 던지면 그런 오류를 알아차리기가 쉬울 때가 종종 있다. 데이터가 어떻게 표준화되었는가? 수치가 어떻게 수집되었는가? 인과관계가 있는가? 앞의 여러 장에서 그런 질문들을 광범위하게 논의했는데, 이 책의 끝 부분에서 다시 한번 다루겠다.

수에 관한 그릇된 결론들이 계속 과학자, 기자, 정치인, 신문 구

독자한테로 흘러든다. 과거의 나에게도 그랬다. 어떤 강연을 한 적이 있는데, 참가자들 중 50퍼센트가 내 강연을 좋게 평가하지 않은 사실을 알고서 나는 땅속으로 꺼져버리고 싶었다. 하지만 평가에 참여한 사람이 단 두 명임을 깜빡 잊은 바람에 느낀 감정이었다.[7] 그리고 여성 프로그래머들이 동료들한테 인기가 적다고 암시하는 연구 결과를 읽고서 나는 발끈했다. 나중에 알고 보니 언론이 연구를 잘못 해석했다. 프로그래머들은 그 보도의 내용만큼 성차별주의자가 아니었다.[8]

나는 내 기사에서 자세히 논의했던 실수들을 거듭 마주할 때마다 안타까운 마음이 들었다. 그런데 이 책을 쓰기 시작하면서 왜 똑같은 실수가 계속 벌어지는지 진짜로 알게 되었다. 수에 관한 한 원인은 내가 생각했던 대로 추론 오류만이 아니라 직감에도 있었다. 이 책의 숱한 사례처럼 과학자도 (의식적이든 무의식적이든) 자신들의 편향과 확신의 영향을 받았다. 이는 숫자 소비자인 우리의 약점이기도 하다.

좋지 않은데 좋게 느껴지는 해석

예일대학교 교수 댄 카한Dan Kahan은 여러 해 동안 어떻게 문화, 가치, 믿음이 우리의 생각에 영향을 끼치는지 연구해왔다. 한 실험에서 댄 카한 연구팀은 허구의 피부연고 임상실험 결과를 나타낸 도표 하나를 실험 참가자들에게 보여주었다.⁹ 한 집단에는 피부 발진 증가를 나타내는 수치들을 보여주었고, 다른 집단에는 감소를 나타내는 수치들을 보여주었다. 그러고 나서 카한은 연고가 발진 치료에 도움이 되는지 아니면 악화시키는지 물었다.

답을 찾으려면 실험 참가자들은 도표의 수치들을 갖고서 까다로운 계산을 해야 했다. 그래서 이전의 수학시험에서 높은 점수를 받았던 사람들이 정답을 내놓는 경향이 있었다. 그 시점까지만 해도 이 실험 참가자들을 대상으로 한 실험은 우리의 예상을 확인해주었다. 즉 수를 더 잘 이해하는 사람이 진리에 더 가까이 다가갔다.

하지만 또 다른 실험에 참가한 두 집단은 달랐다. 그들도 똑같은 수치들이 적힌 도표를 받았는데, 미국의 정치와 언론에서 논쟁의 여지가 있는 한 주제를 다룬 수치들이었다. 바로 총기 규제라는 주제였다. 수치들은 엄격한 총기 규제의 효과에 관한 허구의 실험에서 나온 결과였다. 이번에 질문은 이랬다. "새로운 조치의 결과로 범죄가 늘어나는가 아니면 줄어드는가?"

실험 참가자들이 내놓은 답은 피부연고 임상실험을 대상으로 했을 때와는 판이하게 달랐다. 수학을 잘하는 이들도 성적이 나빴다. 수치들은 피부연고 임상실험에서 제시된 것과 수준이 완전히 똑같

있는데도 실험 참가자들은 틀린 답을 내놓은 것이다.

이 실험의 결과를 어떻게 설명할 수 있을까? 바로 이데올로기 때문이다.[10] 실제 수치와 무관하게 진보적인 성향의 민주당 지지자들은 대체로 총기 규제에 찬성하므로 더 엄격한 법이 범죄를 줄였다고 여기는 편이었다. 공화당 지지자인 보수적 성향의 실험 참가자들은 정반대였다. 그들은 총기 규제가 효과가 없다고 보았다.

카한은 실험 참가자들이 내놓은 답들은 진리와는 더 이상 관련이 없다고 주장했다. 그 답들은 참가자의 정체성이나 자기가 속한 집단과의 소속감을 지켜내기 위한 것이었다. 수학을 잘하는 사람들도 매한가지였다. 그들은 종종 자신도 모르게 그런 답을 내놓았다. 자신들의 심리 상태로 인해 스스로를 속인 셈이다.

이러한 결과가 카한의 여러 실험에서 거듭해서 나왔다. 즉 사람들은 사실을 더 많이 알고 더 큰 재능이 있을 때 스스로를 속이는 일도 더 많아진다.[11] 우리 뇌는 변호사처럼 작동한다. 다시 말해 우리의 확신을 방어하기 위한 주장을 기어코 찾아낸다.

이로 인해 자신이 믿고 있는 바와 다른 무언가를 부정하려고 하는 경향도 설명이 된다. 미국의 보수적인 농부들 중에는 기후변화를 부정하면서도 변하는 기후의 영향에 맞서서 농사일을 지키려고 온갖 조치를 하는 이들이 있다.[12] 카한은 이런 행동이 비합리적으로 보이겠지만 실제로는 그렇지 않다고 설명한다. 사람들은 신념을 바꾸면 큰 대가를 치를 수 있다. 예컨대 갑자기 기후변화를 믿게 된 농부가 큰 맘 먹고 자신의 견해를 솔직히 털어놔도 얻는 것은 없다. 오히려 가족, 교회, 야구 동호회 등에서 냉대만 받기 십상이다. 게다가 그 농부가 스스로 기후변화를 일으키지도 않는다. 진실이 드러날 때까지 기다리는 수밖에 없다.

모두가 이런 종류의 심리적 압박을 받게 마련인데, 카한 자신도 마찬가지다. 2014년 기자 에즈라 클라인Ezra Klein과의 인터뷰에서 카한은 자신도 늘 자신의 연구에서 관찰되는 것과 똑같이 실수할 가능성을 염두에 둔다고 털어놓았다.[13] 또한 자신의 정체성을 '사실'을 토대로 지켜낸다고도 했다. 요컨대 수치를 훌륭하게 해석하는 데에는 우리가 아는 지식만이 아니라 우리의 심리도 관여한다는 뜻이다. 그렇다면 우리는 수를 대할 때 자신의 편견을 어떻게 알아차릴 수 있을까?

숫자를 보면 어떤 감정을 느끼는가?

카한의 연구와 달리 감정이 관여하지 않는 사안도 많다. 대다수의 사람은 피부연고와 같은 사안을 다루는 숫자에 무덤덤한 반응을 보일 것이다. 하지만 편견에 민감한 숫자일 경우에는 분명 어떤 감정을 느낀다. 바로 이 책의 곳곳에서 다룬 인종, 성, 중독물질 등의 논란거리가 그 예다. 그런 사안들은 우리의 정체성 및 소속집단과 긴밀히 관련되어 있다.

감정이 생기면 그냥 없애버려야 할까? 불가능한 소리다. 우리가 원하든 말든 감정은 일어나게 마련이다. 그건 좋은 일이다. 두려움이 없다면 무방비로 위험한 상황에 처하고 만다. 분노가 없다면 불의에 맞서지 못한다. 기쁨이 없다면 인생은 껍데기일 뿐이다. 감정은 삶의 일부다.

따라서 어떤 숫자를 볼 때 한 걸음 물러서서 이렇게 자문하라. '어떤 감정을 느꼈지?' 예를 들어 앞에서 언급한 알코올 연구를 보았을 때 나는 격분했다. 특히 "술 한 잔으로 수명이 30분 단축될 수 있다"라는 표제를 읽었을 때가 그랬다.[14] 정말로 터무니없는 소리였다. 그 분노는 나의 직업적인 소속집단(수를 의심하는 사람들)뿐만 아니라 나의 사적인 집단과도 일치하는 감정이었다. 나는 친구들과 만날 때 와인이나 맥주 몇 잔을 마신다. 우리는 그렇게 산다. 그러지 않아야 한다고? 나로선 어림없는 소리다. 그래서 저명한 비나이 프라사드의 트윗을 읽었을 때 나는 기쁨을 느꼈다. 안심이 되었다. 계속 술을 마실 수 있구나!

하지만 나는 중요한 요소 하나를 간과했다. 음주가 아무 문제 없다는 결론에 특히 신이 났음을 깨달았을 때, 프라사드의 트윗을 다시 한번 읽어보았다. 음주가 해롭지 않다는 말은 어디에도 없었고, 다만 그 연구에 결함이 있다는 내용이었다.

카한의 연구처럼 나는 내 소속집단에 맞는 해석을 골랐다. 옳은 해석이 아니라 옳다고 느껴지는 해석이었다. 나는 그런 식으로 해석하는 데 능했다. 직업상 그런 유형의 연구를 반박할 온갖 주장을 알고 있기 때문이다. 알고 보니 나의 뇌도 변호사처럼 움직였다.

제1원칙, 한번 더 살펴보라!

2017년 초에 댄 카한과 동료들은 새로운 연구를 발표했다.[15] 그들은 이 연구를 위해 약 5,000명에게 '과학적 호기심'을 측정하기 위한 질문을 했다. "얼마나 자주 과학을 다룬 책을 읽는가?" "어느 주제에 관심이 있는가?" "과학에 관한 기사와 스포츠에 관한 기사 중 어느 쪽을 더 좋아하는가?"

응답자의 정치적 신념과 기후변화에 대한 생각을 알기 위해서도 몇 가지 질문했다. 예를 들어 이런 질문이었다. "지구온난화가 인간의 건강, 안전, 번영에 얼마만큼 위험하다고 여기는가?" 이전 실험에서 수학 검사를 사용했던 것과 똑같은 방식으로 카한은 이제 '과학지능'(예컨대 기후변화에 관한 정보를 해석하는 데 유용한 능력)

을 측정했다.

이번에도 앞선 연구와 똑같은 결과가 나왔다. 진보적인 민주당 지지자들은 보수적인 공화당 지지자들보다 지구온난화가 위험하다고 여겼다. 그리고 응답자들이 지적일수록 두 집단 사이의 차이가 컸다.

하지만 과학지능이 아니라 호기심에 따라서 구분하면 어땠을까? 카한이 데이터로 보았더니 그 둘은 똑같지 않았다. 어떤 응답자는 과학적 호기심이 매우 높았지만 꼭 과학을 잘 아는 것은 아니었다. 반대인 경우도 있었다. 호기심과 기후변화에 대한 인식 사이의 상관관계는 흥미로웠다. 민주당 지지자들과 공화당 지지자들은 여전히 의견이 달랐지만, 호기심이 많은 실험 참가자일수록 지구온난화를 더 위험하다고 인식했다. 정치적 신념과 무관하게 말이다.

왜 호기심은 다른 결과를 만들었을까? 후속 실험에서 카한은 응답자들에게 기후변화를 다룬 두 가지 기사를 보여주었다. 하나는 기후변화의 우려를 확인해주는 기사였고 다른 하나는 기후변화에 회의적인 기사였다. 둘 중 하나의 표제는 보는 사람이 깜짝 놀랄 만했다. "과학자가 놀라운 증거를 보고하다: 북극 빙하가 예상보다 훨씬 더 빠르게 녹고 있다." 다른 기사는 전혀 새롭지 않아 보였다. "과학자가 지난 10년 동안 지구온난화가 느리게 진행됐다는 많은 증거를 찾아내다." 카한은 응답자들에게 어느 기사를 읽고 싶은지 물었다. 바로 여기서 그는 호기심의 위력을 깨달았다. 호기심이 많은 유형의 응답자는 자기 신념과 일치하는 표제의 기사를 선택하는 대신에 그런 신념에 도전하는 기사를 선택했다. 이런 응답자들한테는 호기심의 힘이 이데올로기의 힘보다 더 강했다.

이 실험은 좋은 교훈을 준다. 어떤 수치를 만나거든 그냥 받아들이지 말고 잠시 멈춰 살펴보라. 온라인에서든 오프라인에서든 그 수치를 다른 각도에서 보는 사람들을 찾기 바란다. 기존 생각을 확인해주는 기사만 읽지 말고, 불편하고 불안하고 필사적이게 만드는 정보를 찾기 바란다. 작가 팀 하포드의 표현처럼 "한번 더 클릭해보라".[16]

이를 실천하기 위해 나는 술이 건강에 끼치는 영향에 관한 정보를 검색하기 시작했다. 구글 검색을 시작하자마자 술과 암 발생 간의 인과관계를 확인해주는 온갖 연구가 나왔다. 이를테면 알코올 섭취로 간암에 걸린 개코원숭이 실험,[17] 유방암 위험과 알코올 섭취 사이의 선형적 상관관계를 보여주는 메타연구[18] 등이었다.

전문가들이 오랫동안 음주가 건강에 나쁜 영향을 끼친다는 데 동의해왔다는 사실이 내게도 분명해졌다. 2015년 이래로 네덜란드건강위원회Dutch Health Council는 하루에 한 잔 넘는 음주를 권하지 않았는데, 충분히 그럴 만했다.[19]

불확실성 인정하기

호기심에 관한 카한의 연구는 아직도 초기 단계다. 그의 실험들은 다른 연구팀에서 반복해보아야 하며, 그를 통해 동일한 결과가 나오더라도 새로운 연구를 통해 그의 결론이 틀렸다고 입증될 수도 있다.

신문에서 보는 수치들도 다르지 않다. 동료 간 검토를 거친 철저한 연구에서 나온 수치들이겠지만, 더 많은 조사를 받아보아야 확실해지므로 아직은 미숙한 것이다. 그렇다면 그런 불확정적인 수치를 무시해야 할까? 아니다. 카한의 연구 결과들처럼 그런 수치는 세상을 조금 더 잘 이해하는 데 도움이 된다. 하지만 곧이곧대로 받아들여서는 안 된다. 또한 몇 년이 지나면 다른 결론이 나올지 모른다는 것을 유념해야 한다.

알코올에 관한 연구는 카한의 호기심 연구보다 훨씬 앞서 있다. 자료 조사를 해보고 메타연구를 검색해보면, 많은 알코올 연구들의 결론이 같다. 유방암과 알코올 섭취 사이의 인과관계는 현재 증명되어 있다. 알코올 연구자들은 흡연의 영향에 관해 연구했던 수많은 과학자와 동일한 결론에 다다랐다. 한마디로 알 만큼 알아냈다. 설령 알코올에 관한 연구가 결정적이지 않더라도 과학이란 그런 법이다. 적절한 알코올 섭취가 일부 질병을 물리친다고 보는 연구들도 있다. 게다가 알코올 연구에서 상관관계와 인과관계를 언제나 분리해낼 수는 없다. 동물에 관한 연구는 어쨌거나 사람에 관한 연구와 다르다. 그리고 얼마만큼의 알코올을 마셔야 건강에 나쁜지도 불분명하다.

코로나19 바이러스에 효과가 있다고 하는 하이드록시클로로퀸 Hydroxychloroquine을 예로 들어보자. 도널드 트럼프가 걸핏하면 거론해서 유명해진 약이기도 하다. 트럼프는 2020년 3월 21일 이런 트윗을 올렸다. "하이드록시클로로퀸과 아지트로마이신azithromycin(항생제의 일종 – 옮긴이), 이 둘을 함께 사용하면 의학사를 완전히 뒤바꿀 수 있다."[20] 솔깃하게 들리겠지만, 이런 마구잡이식 주장은 오해를 일으킬 수 있다. 2020년 3월에야 우리는 코로나19 바이러스에 대해 알기 시작했다. 경제적 충격이 얼마나 클지, 어떤 요인이 코로나바이러스를 퍼뜨리는지 그리고 어느 약이 효과가 있을지 우리는 몰랐다. 그런데도 하이드록시클로로퀸이 큰 주목을 받는 바람에 공급이 달려서 정작 그게 꼭 필요한 환자, 예컨대 자가면역질환인 루푸스lupus 환자가 피해를 입었다.[21] 사실 그 약은 코로나19 바이러스에 효과가 있다는 증거가 부족한 데다 일반인이 사용할 경우 심장부정맥을 일으킬 수 있다. 의심이 꼭 필요했는데도, 확실성이 대세를 차지해버렸다.

확신이 강한 사람들은 당연히 호기심이 부족하다. 어떤 일이 있어도 확신을 고수하는 사람은 새로운 정보를 결코 받아들이지 않는다. 수(그리고 정보 일반)를 잘 이용하고 싶다면 이 불확실성을 껴안아야 하는 이유다. 앞에서도 나는 이 점을 지적했다. 숫자는 현실을 보여주는 창문이긴 하지만, 그 창이 보여주는 풍경은 김이 서린 안경만큼이나 초점이 빗나가 있다. 기껏해야 전반적인 윤곽만 보여줄 뿐이다.

그렇다고 꼼짝달싹 못해서는 안 된다. 어느 시점이 되면 선택을 내려야 한다. 불확실성이 도사리고 있어도 내려야 할 결정은 내려야 한다. 이를테면 술을 적게 마셔야 할까? 이 질문에 숫자가 답해줄 수는 없다. 숫자는 생각을 멈추게 할 이상적인 변명거리처럼 보일 수 있지만, 빠르고 쉬운 대답을 제공할 수는 없다. 기껏해야 낯선 영역을 탐색하는 데 도움을 주는 정도다.

숫자들이 확실한 답을 주지 않는다는 것만이 아니다. 수로는 파악되지 않는 다른 여러 요소가 우리 삶에 개입한다. 음주가 나에게 얼마나 중요한가? 나는 음주로 인한 위험을 얼마만큼 감수해야 할까? 전반적으로 말해서 나는 얼마만큼 건강한가? 이런 것들은 스스로 답해야 한다. 요약하자면 감정을 알아차리고, 정보를 구해 조사하고, 불확실성을 인정하라. 그런 다음에 스스로 결정을 내려라.

상충하는 이해관계가 있는지 살펴보자

2018년 6월 알코올이 건강에 끼치는 영향에 관한 연구를 다룬 또 하나의 보도가 나왔다.[22] 이 보도는 연구 결과에 관한 내용이 아니라 그 연구가 조기에 중단되었다는 사실에 초점을 맞췄다. 사상 초유인 이 실험에서 사람들은 6년 동안 매일 한 잔의 술을 마시거나 대조군의 경우 전혀 술을 마시지 않아야 했다.

이 보도가 나오기 이전에 미국 국립보건원NIH이 주류 업계로부터 100만 달러 상당의 자금을 지원받은 사실을 놓고 소란이 벌어진 적이 있었다. 알고 보니 하이네켄과 칼스버그 등의 주류 회사들이 그 연구에 공동으로 자금을 지원했다.[23] NIH의 내부 조사에 따르면 과학자들은 연구가 "알코올이 건강한 식사의 일부로 권장되는 데 필요한 수준의 증거"[24]를 제공할 수 있도록 하겠다고 주류 업계와 약속했다.

연구는 모든 이로움은 잘 드러나고 해로운 효과는 드러나지 않게끔 설계되어 있었다. 대부분 느리게 진행되는 암을 제대로 확인하기에는 실험 시간도 너무 짧았다. 특정 집단의 사람들(예를 들어 가족 중 암 환자가 있는 사람들)은 제외되었다. 이 모든 조치는 안전을 구실로 삼았지만, 또한 그런 조치 때문에 암에 걸릴 가능성과 암이 알코올 섭취와 관련될 가능성을 줄였다.

숫자가 그릇되게 사용되고 있음을 알아차리고 싶다면 추론의 오류를 파악하고 자신의 직감을 이해하는 것이 중요하다. 하지만 아마도 가장 중요한 질문은 이것이다. 수 뒤에 누가 있는가? 그 사람이 결과에 이해관계가 있는가?

맺음말

수를 원래 자리로 되돌려놓기

오랜 세월 수를 잘못 사용한 사례들을 보면서 나는 종종 좌절했다. 줄기차게 등장하는 사고방식의 오류들, 틀린 해석을 내놓는 직감들, 진리를 밝히는 과정을 좌지우지하는 이해관계들, 이런 것들은 우리를 낙담시키기에 충분하다. 정말 부끄러운 일이 아닐 수 없다. 우리는 수를 통해 세상을 이해하고 더 낫게 만들 수 있는데도 그렇게 하지 못하고 있기 때문이다. 따라서 수는 조심스럽게 다루어야 한다. 또한 말만큼이나 중요하게 취급해야 한다.

이제 수를 원래 자리로 돌려놓아야 할 때다. 나는 숫자에 관한 글을 쓰기 시작한 이후로 그 어느 때보다 고무적인 것들을 계획했다. 바로 수의 오용을 비판하고 그 역할에 의문을 던지는 것이다. 우리는 무기력하지 않다는 것을 보여줄 때였다.

GDP를 예로 들어보자. 지난 몇 년 동안 GDP의 한계와 그것이 정부 정책에 끼치는 영향력을 불편하게 여기는 시각이 등장했다. 일부 국가들은 이제 국민들의 '행복'을 측정한다.[1] OECD는 '더 나은 삶의 지수Better Life Index'를 만들어냈다. 환경이나 특정 국가의 고용시장 같은 요소들을 고려한 폭넓은 지표다.[2] 네덜란드 통계청 CBS은 최근에 '복지의 일반 개념'을 측정하기 시작했는데, 이는 특히 우리의 번영이 미래세대에 끼치는 영향에 초점을 맞춘다.[3]

정치투표 또한 면밀한 조사를 받고 있다. 이전에는 단일 여론조사 수치의 작은 변동에도 열띤 추측이 난무했고, 비평가들을 진저리치게 만드는 내용이 주요 언론의 이야깃거리로 둔갑했다. 이제는 여러 선거 여론조사를 모으는 '집계 기관'이 번성하고 있다. 어떤 집계 기관은 리얼클리어폴리틱스RealClearPolitics처럼 단순한 평균을 취하는 반면에, 또 어떤 곳은 파이브서티에이트FiveThirtyEight처럼 정교한 모형을 세워서 예측을 내놓는다. 하지만 그렇게라도 결과들을 종합하면 더 신뢰할 만한 예측이 나오고 희망하건대 개별 여론조사의 편향성을 상쇄할 수 있다.

출판편향과 p해킹 같은 문제들도 다루어지기 시작했다. 2012년 이후로 경제학 및 사회과학 연구자들은 미국경제학회American Economic Association에 등록한 다음에 연구를 시작하고 있다.[4] 그들이 무슨 연구를 계획하고 있는지 즉시 공개한다는 뜻인데, 그래야 나중에 유의미한 결과들을 찾으려고 끝없이 시도하지 않는다.

오랫동안 재현replication(기존의 연구 반복하기)은 인기가 없었다. 과학자는 새롭고 흥미진진한 결과를 내놓을수록 인정받았기 때문이다. 하지만 몇 년 전부터 재현 연구가 자주 시행되고 있다. 이를테면 미국의 열린과학센터Center for Open Science가 심리학 연구를 위한 재현가능성 프로젝트Reproducibility Project를 마련해[5] 과학자 270명이 수백 건의 심리학 실험을 반복했더니, 연구된 효과가 원래 연구들보다 미미하거나 덜 유의미한 경우가 종종 나왔다. 이제는 심지어 재현 연구만을 발표하는 과학 저널도 있다.[6]

*

하지만 정책입안자나 과학자가 아닌 사람은 어떻게 하지? 수가 삶을 지배하는 문제를 어떻게 하면 좋지?

아이들의 교육을 예로 들어보자. 점수가 매우 중요하다고들 하는데, 반대로 가는 교사와 학교들이 있다. 이들은 점수를 수치로 표현되는 평가를 하지 않으려 노력한다. 예를 들어 경제학 교사 안톤 나닝가Anton Nanninga는 점수보다 말을 사용해서 학생들의 성적을 평가한다. 그는 NIVOZ 재단과의 인터뷰에서 더 이상 수 뒤에 숨지 않아도 된다며 이렇게 말했다.[7] "이제는 제대로 된 피드백을 줘

야죠." 독일 교사 마르틴 링게날두스Martin Ringenaldus도 일부 수업에서 점수로 평가하지 않는다. 그는 이런 트윗을 올렸다. "안심이에요! 학생들한테도 동기부여가 더 많이 되고 학습 분위기도 편안해졌어요(검사 압박이 없어짐). 심지어 단어의 격변화도 더 이상 문젯거리가 아니에요."8 아직은 실험일 뿐이지만 이런 시도에서 드러나듯이 수의 사용 여부는 확정된 것이 아니라 선택이다.

숫자가 중요한 역할을 하는 또 하나의 분야는 직업이다. 네덜란드 비엔코르프 백화점에서 일부 입점 업체 판매원들은 고객에게 부탁해 자신들에 대한 업무 평가(되도록 판매원의 이름을 명시하여)를 받아내라는 지시를 받았다.9 알고 보니 그다지 믿을 만한 측정이 아니었다. 네덜란드의 시사 프로그램 〈니우수르Nieuwsuur〉에서 밝힌 바에 따르면 직원들은 가족들을 데려와 9나 10점을 받아내 전체 점수를 높였다.10 또한 그 점수는 판매원들에게 스트레스를 안겨주었다. 심지어 인사고과에 반영된다는 소문도 돌았다. 비엔코르프 백화점은 전국 언론에서 비난을 받았으며, 네덜란드의 노동조합연맹FNV은 고객들한테 판매원에게 만점인 10점만 주라고 요청하고 나섰다. 백화점이 정책을 바꾸자 격양된 목소리는 잦아들었다. 이제 고객은 여전히 평가를 내릴 수는 있지만, 판매원들은 더 이상 자신에 대한 평가를 고객에 부탁하지 않아도 된다.

빅데이터 알고리즘에 대해서도 저항할 여지가 있는 듯하다. 오푼슈파OpenSCHUFA를 예로 들어보자.[11] 슈파SCHUFA는 독일의 가장 큰 여론조사 기관이다. 이곳의 신용점수는 개인의 재정 상황에 중대한 영향을 끼치는데도 그 회사는 자사의 알고리즘을 공개하길 거부한다. 하지만 독일 법률에 따라 시민은 자신의 신용평가 보고서를 요청할 수 있다. 2018년 열린지식재단Open Knowledge Foundation 과 알고리즘와치Algorithm Watch라는 단체가 독일 국민에게 신용평가 보고서를 신청해 자기들에게도 보내달라고 촉구했다. 데이터가 충분히 쌓이면 그 알고리즘을 역설계할 수 있을 거라면서 말이다. 몇 달 만에 2만 5,000명이 넘는 사람들이 자신의 신용평가 보고서를 요청했다.[12] 이 사람들은 숫자 이면에 무엇이 숨어 있는지 알아내는 일이 중요하다고 본 것이다.

*

이 모든 긍정적인 조치가 증명하듯이 수가 우리 삶에서 갖는 지배적인 역할은 확정적이지 않으며, 우리는 그런 역할에 저항할 수 있다. 숫자는 기자든 정책입안자든 교사든 의사든 경찰관이든 통계학자든 간에 모든 사람의 삶에 영향을 끼친다. 우리는 당연히 관여할 권리가 있다. 숫자는 우리가 만들어냈기에 그걸 어떻게 이용할지는 우리한테 달려 있다.

체크리스트

숫자를 의심하는 연습[1]

뉴스에서 만나는 숫자를 믿어도 되는지 알고 싶은가? 그렇다면 아래의 여섯 가지 질문을 스스로에게 던져보라. 올바른 정보를 찾기가 불가능해서 질문에 답할 수 없다면 그 수를 즉시 버려라. 연구자가 자신이 연구한 방법을 명확하게 제시할 수 없다면, 그런 연구에서 나온 수는 주목할 가치조차 없다.

1. 전달자가 누구인가?

한 정치인이 자기 정책이 경제에 좋다는 것을 증명하는 통계 자료를 내놓았는가? 특정 초콜릿 제조회사가 그 초콜릿이 건강에 좋다고 입증하는 연구에 자금을 지원했는가? 꼼꼼하게 살펴보고 출처를 더 찾아라.

2. 어떤 감정을 느끼는가?

수를 보면 기분이 좋거나 화가 나거나 슬픈가? 그러면 무조건 받아들이지 말고 제쳐두어라. 그 감정은 직감일 뿐이므로 다른 관점의 자료를 찾아보아라.

3. 표준화된 수치인가?

수치가 경제성장이나 지능과 같은 만들어진 개념을 다루는가? 그때는 특별히 더 주의해야 한다. 측정이 이루어졌을 때 어떤 선택이 있었는가? GDP로 인간의 전반적인 행복을 설명하려고 하는 것처럼 실제보다 부풀려진 수치가 아닌가? 그 개념을 다른 방식으로 측정하는 연구를 찾아라.

4. 데이터가 어떻게 수집되었는가?

그 수치는 아마도 한 연구에서 수집된 데이터를 바탕으로 나온 것이다. 여러분이 그 연구의 실험 참가자들 중 한 명이라고 상상해보라. 질문들이 특정한 방향으로 몰아가는가? 연구의 상황이 진실을 말하지 못하게 하지 않는가? 그렇다면 그 수치를 더욱 조심해서 대하기 바란다. 그리고 표본이 무작위였는가 아닌가? 무작위 표본이 아니라면 그 수치는 오직 연구에 참여한 특정 집단에만 적용된다는 점에 유념하기 바란다.

5. 데이터가 어떻게 분석되었는가?

그 수치가 인과관계를 드러내는가? 그렇다면 다음 세 가지 질문을 하라. 그 관계가 우연히 나올 수 있는가? 다른 요인들이 관여하는가? 인과관계가 거꾸로 작용할 수 있는가? 어느 경우에라도 해당한다면 그 연구를 절대적 진리로 받아들이지 말기 바란다. 전체 연구 분야가 어떤 말을 하는지 알려주는 메타연구를 찾아 참조하라. 또는 여론조사 웹사이트인 파이브서티에이트의 자료처럼 집계한 여론조사 결과를 찾아 참조하라.

6. 숫자를 어떻게 제시했는가?

마지막으로 숫자를 해석할 때 조심해야 할 몇 가지가 있다.

- **평균**: 평균을 높이거나 낮출 수 있는 이상치가 있다면, 그 수치는 일반적인 상황을 알려주기 어렵다.
- **정확한 수치**: 온갖 이유로 인해 수치는 100퍼센트 정확할 수 없다. 가짜로 꾸며낸 정확성에 속지 말아야 한다.
- **등급**: 등급표에 이웃한 두 등급이 있다고 하자. 오차범위로 인해 둘 사이에는 유의미한 차이가 없을 때가 종종 있다.
- **위험**: 특정 질병에 걸릴 확률이 x퍼센트 높다는 걸 알더라도, 어떤 대상에 대한 비율인지 모르면 아무 소용이 없다. 만약 이 확률이

애초에 작은 값이라면, x퍼센트 증가한 값 또한 작을 것이다.

- **그래프**: 이상한 수직축이 결과를 왜곡할 수 있다. 수직축이 늘어나 있거나 쪼그라들지 않았는지 잘 살펴라.

주석

머리말. 숫자는 거짓말을 한다

1. 후아니타와의 만남에 관한 글을 내 블로그 Out of Blauw와 Oikocredit Nederland (Oikocredit Netherlands)에 올렸다. 그녀에게 연락을 취할 수가 없어 그녀의 이야기를 이 책에 실어도 되는지 허락을 받지 못해 그녀의 이름을 익명으로 했다.

1장. 우리는 언제부터 숫자에 집착하기 시작했을까?

1. 플로렌스 나이팅게일에 관한 이야기를 위해 나는 다음 책과 기사를 이용했다. Mark Bostridge's biography *Florence Nightingale — The Woman and Her Legend* (Viking, 2008) and 'Florence Nightingale Was Born 197 Years Ago, and Her Infographics Were Better Than Most of the Internet's' by Cara Giaimo which appeared on 12 May 2017 in *Atlas Obscura*.

2. Florence Nightingale, *Notes on Matters Affecting the Health, Efficiency, and Hospital Administration of the British Army* (Harrison and Sons, London, 1858). 나이팅게일은 영국인과 프랑스인 통계학자들이 수집

한 데이터를 사용했다. 이는 다음에서 알 수 있다. 'Florence Nightingale, Statistics and the Crimean War' by Lynn McDonald, *Statistics in Society* (May 2013).

3. Hugh Small, 'Florence Nightingale's Hockey Stick', *Royal Statistical Society* (7 October 2010).

4. Iris Veysey, 'A Statistical Campaign: Florence Nightingale and Harriet Martineau's England and her Soldiers', *Science Museum Group Journal* (3 May 2016).

5. Harold Raugh, The Victorians at War, 1815—1914: *An Encyclopedia of British Military History* (ABC-CLIO, 2004).

6. Lynn McDonald, *Florence Nightingale and Hospital Reform: Collected Works of Florence* (Wilfrid Laurier University Press, 2012), page 442.

7. Hugh Small, 'Florence Nightingale's Statistical Diagrams', presentation to a Research Conference organised by the Florence Nightingale Museum, 18 March 1998.

8. 이는 1811년 이후로 출생, 사망, 결혼 등기소(Registry of Births, Deaths and Marriages)에서 이루어졌다. 이런 제도는 프랑스의 일부 지역에서 이미 1796년에 도입했다.

9. Ian Hacking, 'Biopower and the Avalanche of Printed Numbers', *Humanities in Society* (1982).

10. Meg Leta Ambrose, 'Lessons from the Avalanche of Numbers: Big Data in Historical Perspective', *Journal of Law and Policy for the Information Society* (2015).

11. 이 문단은 다음 책의 내용을 바탕으로 했다. *Sapiens* by Yuval Noah Harari (Harvill Secker, London, 2014).

12. 이 문단을 위해 다음 자료를 이용했다. *Seeing Like a State* by James Scott (Yale University Press, New Haven, 1998).

13. Ken Alder, 'A Revolution to Measure: The Political Economy of the Metric System in France', in *Values of Precision* (Princeton University Press, 1995), pp. 39―71.

14. James Scott, *Seeing Like a State* (Yale University Press, New Haven, 1998).

15. Ken Alder, 'A Revolution to Measure: The Political Economy of the Metric System in France', in *Values of Precision* (Princeton University Press, 1995), pp. 39―71.

16. 이 말은 *Seeing Like a State* (Yale University Press, New Haven, 1998)에 나오는 제임스 스콧(James Scott)의 다음 구절에서 영감을 받았다. "통합적 체계를 추구하는 엘리트들에게 보편적인 미터법이 이전의 제각각이었던 측정 관행들에 대해 갖는 의미는 국민언어가 기존의 다양한 방언들에 대해 갖는 의미와 마찬가지였다."

17. Mars Climate Orbiter Mishap Investigation Board, *Phase I Report* (10 November 1999).

18. 그때는 계몽과 '과학혁명'의 시기로, 과학자는 사고와 연구의 토대를 이성과 보편적 원리에 두었다.

19. 'Appendix G: Weights and Measures', *CIA World Factbook* (consulted on 26 July 2018).

20. Meg Leta Ambrose, 'Lessons from the Avalanche of Numbers: Big Data in Historical Perspective', *Journal of Law and Policy for the Information Society* (2015).

21. 다음 자료에 나오는 내용이다. 'Biopower and the Avalanche of Printed

Numbers', *Humanities in Society* (1982). 이 기사에서 이언 해킹은 또한 윌리엄 파가 동료들과 함께 작성한 질병 목록을 기술한다.

22. 이 말은 유발 노아 하라리한테서 영감을 받았는데, 그는 *Sapiens* (Harvill Secker, London, 2014)에서 수 체계에 관해 다음과 같이 적었다. "그것이 세상의 지배적인 언어가 되었다."

23. Hans Nissen, Peter Damerow and Robert Englund, *Archaic Bookkeeping: Early Writing and Techniques of Economic Administration in the ancient Near East* (University of Chicago Press, 1994).

24. 'Census', *Wikipedia* (consulted on 26 July 2018).

25. Jelke Bethlehem, 'The Rise of Survey Sampling', Statistics Netherlands (2009).

26. 'Biopower and the Avalanche of Printed Numbers', *Humanities in Society* (1982)에서 이언 해킹은 이 시기의 성장을 '기하급수적'이라고 표현했다. 이 문단의 나머지 내용도 해킹의 논문을 토대로 삼았다.

27. 'General Register Office', *Wikipedia* (consulted on 28 July 2018).

28. Ian Hacking, 'Biopower and the Avalanche of Printed Numbers', *Humanities in Society* (1982).

29. 아돌프 케틀레에 관한 내 견해는 다음에 바탕을 두고 있다. *The End of Average* by Todd Rose, in a Dutch version titled *De mythe van het gemiddelde*, translated by Theo van der Ster and Aad Markenstein (Bruna Uitgevers, 2016).

30. 나이팅게일은 케틀레에게 보낸 편지에서 그를 '통계의 창시자'라고 불렀다. Gustav Jahoda, 'Quetelet and the Emergence of the Behavioral Sciences', *SpringerPlus* (2015).

31. 이 혁명의 결과로 벨기에는 네덜란드로부터 독립했다.

32. 케틀레는 '평균인'을 통계적 현상으로 여겼을 뿐만 아니라 인류의 이상적인 모습으로도 여겼다.

33. Stephen Stigler, 'Darwin, Galton and the Statistical Enlightenment', *Journal of the Royal Statistical Society* (2010).

34. 나는 다음 출처에서 아치 코크런을 만났다. *Superforecasting* by Philip Tetlock and Dan Gardner (Random House Books, 2016). 이 문단은 코크런이 맥스 블라이스(Max Blythe)와 공저한 다음 자서전을 바탕으로 썼다. *One Man's Medicine* (BMJ Books, London, 1989).

35. Marcus White, 'James Lind: The Man who Helped to Cure Scurvy with Lemons', BBC News (4 October 2016). 오늘날 우리는 감귤류에 포함된 비타민C가 괴혈병을 예방 또는 퇴치한다는 것을 알고 있다.

36. 'Nutritional yeast', *Wikipedia* (consulted on 26 July 2018).

37. 자서전에서 코크런은 어떤 결과를 염두에 두었는지에 관해 확실히 밝히지 않는다.

38. 이 설명은 다음을 바탕으로 한다. Archie Cochrane's autobiography, *One Man's Medicine* (BMJ Books, London, 1989). 이 일화는 또한 다음에도 나온다. *Superforecasting* by Philip Tetlock and Dan Gardner (Random House Books, 2016).

39. David Isaacs, 'Seven Alternatives to Evidence Based Medicine', *BMJ* (18 December 1999).

40. 이를 가리켜 '인지부조화(cognitive dissonance)'라고 한다.

41. 이 실험은 다음에 기술되어 있다. *Ending Medical Reversal* by Vinayak Prasad and Adam Cifu, (Johns Hopkins University Press, Baltimore, 2015). 이전에 발표된 한 논문에서 연구자들은 한 과학 저널에 10년 동안 발표된 논문을 전부 살폈다. 그랬더니 놀라운 결과가 나왔다. 즉 거

의 140건의 연구에서 기존에 인정된 방법들이 통하지 않았다. (Prasad et al., 'A Decade of Reversal: An Analysis of 146 Contradicted Medical Practices', *Mayo Clinical Proceedings*, 18 July 2013.)

42. Sanne Blauw, 'Vijf woorden die volgens statistici de wereld kunnen redden' ('통계학자들이 세상을 구할 수 있다고 믿는 다섯 가지 단어'), *De Correspondent* (10 February 2017).

43. Anushka Asthana, 'Boris Johnson Left Isolated as Row Grows over £350m Post-Brexit Claim', *Guardian* (17 September 2017).

44. 'Called to Account', *The Economist* (3 September 2016).

2장. 만들어진 숫자들이 세상을 지배한다

1. IQ 검사의 역사를 설명하기 위해 고맙게도 나는 다음을 이용했다. *The Mismeasure of Man*, by Stephen Jay Gould, in a Dutch version translated by Ton Maas and Frits Smeets (Uitgeverij Contact, Amsterdam, 1996). 이후의 연구에서 굴드 내용은 의심을 받았지만 IQ 검사에 관한 내용은 그렇지 않았다. 더 자세한 내용은 다음을 참조하라. Jason Lewis, David DeGusta, Marc Meyer, Janet Monge, Alan Mann and Ralph Holloway, 'The Mismeasure of Science: Stephen Jay Gould versus Samuel George Morton on Skulls and Bias', *PLoS Biology* (7 June 2011), and also Michael Weisberg and Diane Paul, 'Morton, Gould, and Bias: A Comment on "The Mismeasure of Science"', *PloS Biology* (19 April 2016).

2. 여키스의 조수인 E. G. 보링이 16만 건의 검사를 선별하여 수치들을 분석했다.

3. Jeroen Pen, 'Racisme? Het gaat op de arbeidsmarkt om IQ' ('인종차별?

취업시장에서 중요한 것은 IQ다'), *Brandpunt+* (9 June 2016).

4. 이 문단을 위해 다음을 이용했다. Gavin Evans 'The Unwelcome Revival of "Race Science"', *Guardian* (2 March 2018).

5. Margalit Fox, 'Arthur R. Jensen Dies at 89; Set Off Debate About I.Q.', *New York Times* (1 November 2012).

6. Richard Herrnstein and Charles Murray, *The Bell Curve* (Free Press, 1994).

7. Nicholas Wade, *A Troublesome Inheritance* (Penguin, London, 2014). 약 140명의 유전학자들이 웨이드의 주장에 반대하는 편지를 보냈다. 다음을 참조하라. 'Letters: "A Troublesome Inheritance"', *New York Times* (8 August 2014).

8. D.J. Kevles, 'Testing the army's intelligence: Psychologists and the military in World War I', *Journal of American History* (1968).

9. 할당을 통한 차별은 교묘한 방식으로 행해진다. 할당 인원은 이미 미국에 거주 중인 해당 국가 이민자 수의 2퍼센트로 정해졌다. 1890년 인구총조사의 데이터가 사용되었는데, 거기에는 남부 및 동부 유럽인의 수가 당시 가장 최근에 있었던 1920년의 인구총조사의 데이터에 비해 상대적으로 매우 적었다.

10. Six million, Allan Chase estimates in *The Legacy of Malthus* (Knopf, New York, 1977). 체이스는 이민이 1924년 이전에 비해 달라지지 않았다고 가정한다.

11. Andrea DenHoed, 'The Forgotten Lessons of the American Eugenics Movement', *New Yorker* (27 April 2016).

12. 수치는 다음에서 나왔다. William Dickens and James Flynn, 'Black Americans Reduce the Racial IQ Gap: Evidence from Standardization

Samples' *Psychological Science* (2006). 1995년의 웩슬러성인지능척도에 나오는 검사 결과를 이용했다.

13. Malcolm Gladwell, 'None of the Above', *New Yorker* (17 December 2007).

14. David Reich, 'How Genetics Is Changing Our Understanding of Race', *New York Times* (23 March 2018).

15. D'Vera Cohn, 'Millions of Americans Changed their Racial or Ethnic Identity from One Census to the Next', *Pew Research Center*, 5 May 2014.

16. IQ 검사는 대표성이 있는 표본을 상대로 실시된 후에, 점수들이 평균 100점인 '정규분포' 범위 내에 속하도록 다시 계산된다. 그렇게 하면 피검사자들의 68퍼센트는 85점에서 115점 사이에 포함된다.

17. 'Inkomens van personen (개인소득)', *cbs.nl* (consulted on 6 September 2018).

18. 비네의 이야기는 다음에 나온다. Stephen Jay Gould, *The Mismeasure of Man*, in its Dutch version translated by Ton Maas and Frits Smeets, (Uitgeverij Contact, Amsterdam, 1996), pp. 195—204.

19. 돈을 비롯한 발명된 개념들에 관한 이 설명은 다음에서 영감을 받았다. *Sapiens* by Yuval Noah Harari (Harvill Secker, London, 2014).

20. GDP 역사 이야기는 다음에 바탕을 둔다. *GDP: A Brief but Affectionate History* by Diane Coyle (Princeton University Press, 2014).

21. 쿠즈네츠가 GDP 발명자로 종종 여겨지지만, 그는 기존의 방법들을 바탕으로 그 개념을 만들었다. 영국 통계학자 콜린 클라크(Colin Clark)가 만든 방법이 그런 예다.

22. Simon Kuznets, 'National Income, 1929—1932', *National Bureau of*

Economic Research (7 June 1934).

23. 엄밀히 말해서 GDP가 아니라 '국민총소득(GNP)'다. GDP는 특정 국가 내에서의 재화와 서비스의 가치인 반면에 GNP는 해당 국가의 거주자들이 생산한 재화와 서비스의 가치다(따라서 설령 그런 서비스가 해당 국가의 국경 밖에서 실제로 이루어지더라도 GNP에 포함된다).

24. 네덜란드 총리 마르크 뤼터(Mark Rutte)는 불경기에서 벗어나려고 세금 인상과 재정 감축을 도입했다. 네덜란드의 경제정책분석국에 따르면, GDP가 최소 두 분기 동안 감소하면 불경기라고 규정한다.

25. 이 박스 글은 나의 다음 기사에 바탕을 두고 있다. 'Hoe precieze cijfers ons misleiden and de geschiedenis bepalen' ('어떻게 정확한 수치들이 우리를 잘못된 길로 이끌고 역사를 결정했는가'), *De Correspondent* (1 December 2015).

26. Enrico Berkes and Samuel Williamson, 'Vintage Does Matter, The Impact and Interpretation of Post War Revisions in the Official Estimates of GDP for the United Kingdom', measuringworth.com (consulted on 15 August 2018). 덧붙이자면, 새로운 데이터들은 해마다 생산되었는데, 이 데이터들이 1996년에 나온 내용과 달랐다.

27. Shane Legg and Marcus Hutter, 'A collection of definitions of intelligence', *Frontiers in Artificial Intelligence and Applications* (2007).

28. 'Wechsler Adult Intelligence Scale', *Wikipedia* (consulted on 30 July 2018).

29. 루리아의 이야기는 다음에서 알게 되었다. TED Talk by James Flynn, 'Why Our IQ Levels Are Higher than Our Grandparents' (March 2013). 루리아가 우즈베키스탄을 여행한 이야기는 그의 자서전에 나온다. *The Autobiography of Alexander Luria: A Dialogue with The Making*

of Mind, co-written with Michael Cole and Karl Levitin (Psychology Press, 1979, republished in 2010).

30. 이 사례들은 1968년 3월 18일 보비 케네디(Bobby Kennedy)의 GDP에 관한 강연에서 영감을 얻었다.
31. Anne Roeters, *Een week in kaart* (주간 차트), the Netherlands Institute for Social Research (Sociaal and Cultureel Planbureau, 2017).
32. Tucker Higgins, 'Trump Suggests Economy Could Grow at 8 Or 9 Percent If He Cuts the Trade Deficit', *CNBC* (27 July 2018).
33. 재정적자가 GDP의 3퍼센트를 넘지 않아야 하며 국가부채가 GDP의 60퍼센트를 초과해서는 안 된다. GDP가 높은 나라일수록 이 요건을 충족하기가 더 쉬워진다.
34. 많은 민간 업계와 공무원 조직이 직원을 채용하는 과정에서 IQ 검사 또는 이와 유사한 평가들을 실시한다.
35. 스피어먼에 관한 이야기의 출처는 다음과 같다. *The Mismeasure of Man* by Stephen Jay Gould, in its Dutch version, translated by Ton Maas and Frits Smeets (Uitgeverij Contact, 1996).
36. 그는 '요인 분석' 방법을 사용했는데, 여기에서는 산더미 같은 수들이 공통의 '요인'으로 단순화된다. 스피어먼은 단 한 가지 요인만으로 아이들 간의 여러 차이를 설명할 수 있다고 결론 내렸다.
37. Stephen Jay Gould, *The Mismeasure of Man*, in its Dutch version, translated by Ton Maas and Frits Smeets (Uitgeverij Contact, 1996).
38. Charles Spearman, 'General Intelligence Objectively Measured and Determined', *The American Journal of Psychology* (April 1904).
39. Edwin Boring, 'Intelligence as the Tests Test It', *New Republic* (1923).
40. 다음 자료에 여러 경찰대의 벌금 할당에 관한 내용이 나온다. *The*

Landelijk Kader Nederlandse Politie 2003—2006 (National Dutch Police Structural Plan 2003—2006). 정부와 경찰 간의 추후 협약에서 벌금 액수에 관한 요건들이 삭제되었지만, 경찰은 계속 벌금 할당을 사용했다. 벌금 할당은 최종적으로 이보 옵스텔턴(Ivo Opsteletn, VVD 자유당 소속, 법무부장관)에 의해 금지되었다. 나는 아래 기사에서 벌금 할당에 관해 썼다. 'Hoe cijferdictatuur het werk van leraren, agenten and artsen onmogelijk maakt' ('어떻게 수의 독재가 교사, 경찰관, 의사의 일을 참을 수 없을 정도로 끔찍하게 만드는가'). 나는 이 기사를에서 프레데리크(Jesse Frederik)와 함께《코레스폰던트》(2016년 1월 5일)에 실었다.

41. Peter Campbell, Adrian Boyle and Ian Higginson, 'Should We Scrap the Target of a Maximum Four Hour Wait in Emergency Departments?', *BMJ* (2017).

42. '굿하트의 법칙'의 이 내용은 다음에 나온다. '"Improving Ratings": Audit in the British University System' by Marilyn Strathern, *European Review* (July 1997). 찰스 굿하트는 자신의 생각을 1975년에 발표한 두 논문에서 처음으로 자세히 설명했다. 자세한 내용은 다음을 참조하라. 'Goodhart's Law: Its Origins, Meaning and Implications for Monetary Policy' by K. Alec Chrystal and Paul Mizen in Central Banking, *Monetary Theory and Practice* (Edward Elgar Publishing, 2003).

43. Stephen Jay Gould, *The Mismeasure of Man, in its Dutch version, translated by Ton Maas and Frits Smeets* (1996).

44. Kevin McGrew, 'The Cattell—Horn—Carroll Theory of Cognitive Abilities', in *Contemporary Intellectual Assessment: Theories, Tests, and Issues* (The Guilford Press, 1996).

45. 이 문단은 다음을 바탕으로 한다. *GDP: A Brief but Affectionate History*

by Diane Coyle (Princeton University Press, 2014).

46. 그는 '노벨경제학상'을 받았다. 엄밀히 말해서 노벨경제학상은 노벨상이 아니지만 종종 노벨상으로 불린다.

47. *Human Development Report 2019*, United Nations Development Programme (2019). 이런 종류의 수치에는 3장에서 다루는 개념인 오차범위가 포함된다. 즉 일부 국가의 점수들은 어느 정도 '잡음'이 끼어 있기 때문에 통계적으로 차이가 있다고 볼 수 없다.

48. *Jinek*, KRO-NCRV (21 December 2017).

49. Maarten Back, 'AD publiceert alleen nog de 75 beste olliebollenkramen' ('AD는 상위 75군데의 도넛 가게만 발표한다'), *NRC* (22 December 2017).

50. Herm Joosten, 'Voor patienten is de AD ziekenhuis-lijst (vrijwel) zinloos' ('AD 병원 등급은 환자에게 (사실상) 쓸모없다'), *de Volkskrant* (10 October 2014).

51. 때때로 이런 개념들에는 창시자들이 알지 못하는 채로 도덕적 선택이 개입한다. 경제학자 마틴 라발리온(Martin Ravallion)이 HDI를 연구했더니 이상한 결과가 하나 나왔다. 기대수명이 감소한 나라에서도 여전히 소득이 조금만 올라가면 HDI가 높게 나올 수 있었다. 서로 다른 두 측면을 하나의 수로 묶어버리는 바람에 그 두 가지가 호환 가능해진 것이다. 라발리온이 계산해보았더니 터무니없는 결론이 나왔다. 인생의 가치가 나라마다 높고 낮다는 결론이 나온 것이다. 절대적인 하한은 짐바브웨였는데, 거기서는 1년의 여분의 인생이 50유로로 값어치였다. 한편 부유한 나라들에서는 그 값이 8,000유로 이상으로 올라갔다. 다음을 참조하라. Martin Ravallion, 'Troubling Tradeoffs in the Human Development Index', *Journal of Development Economics* (November 2012).

52. 나는 굶주림의 정의를 다음 기사에서 다루었다. 'Waarom we veel minder weten van ontwikkelingslanden dan we denken' ('왜 우리는 개발도상국에 관해 아는 것이 뜻밖에도 별로 없는가'), *De Correspondent* (30 June 2015).

53. *The State of Food Insecurity in the World*, Food and Agriculture Organization (2012).

54. James Flynn, 'Why Our IQ Levels Are Higher than Our Grandparents', *TED.com* (March 2013).

55. 이전의 연구자들도 일부 표본에서 무언가를 간파하긴 했지만, 그것을 체계적으로 연구한 사람은 제임스 플린이 최초였다.

56. 일부 국가에서는 '반(anti)플린효과', 즉 IQ 감소가 나타난다. 노르웨이 사람들은 1975년에서 1990년 사이에 IQ가 감소했다. 다음을 참조하라. Bernt Bratsberg and Ole Rogeberg, 'Flynn Effect and Its Reversal Are Both Environmentally Caused', *PNAS* (26 June 2018).

57. 여키스는 교육을 적게 받은 사람에 대해 '얼간이(moron)'라는 단어를 사용했는데, 이는 오늘날에 모욕적인 용어로만 사용된다.

58. Carl Brigham, *A Study of American Intelligence* (Princeton University Press, 1923).

59. 철학을 연구하고 있을 때, 그는 자신이 진정한 철학자가 결코 되지 못할 것이라는 말을 누군가한테서 들었다. 1909년에 그는 이렇게 썼다. "결코 라니! 얼마나 무지막지한 말인가. 최근의 일부 사상가들은 개인의 지능이 고정된 양, 즉 커질 수 없는 양이라고 확언함으로써 그런 개탄스러운 판결을 도덕적으로 지지하고 있는 듯하다. 우리는 이 잔혹한 염세주의에 반대하고 저항해야 한다. 그것이 아무 근거도 없는 주장임을 입증하려고 시도해야 한다." 다음을 참조하라. Gould, pages 183—184.

60. Diane Coyle, *GDP: A Brief but Affectionate History* (Princeton University Press, 2014).
61. Malcolm Gladwell, 'None of the above', *New Yorker* (17 December 2007). Gladwell's Italics.
62. Anandi Mani, Sendhil Mullainathan, Eldar Shafir and Jiaying Zhao, 'Poverty Impedes Cognitive Function', *Science* (30 August 2013).
63. Tamara Daley, Shannon Whaley, Marian Sigman, Michael Espinosa and Charlotte Neumann, 'IQ On the Rise: The Flynn Effect in Rural Kenyan Children', *Psychological Science* (May 2003).
64. William Dickens and James Flynn, 'Black Americans Reduce the Racial IQ Gap: Evidence from Standardization Samples', *Psychological Science* (2006).
65. Angela Hanks, Danyelle Solomon, Christian Weller, *Systematic Inequality: How America's Structural Racism Helped Create the Black-White Wealth Gap*, Center for American Progress (21 February 2018).
66. Alana Semuels, 'Good School, Rich School; Bad School, Poor School', *The Atlantic* (25 August 2016); Alvin Chang, 'Living in a Poor Neighborhood Changes Everything about Your Life', *Vox.com* (4 April 2018).
67. Marianne Bertrand and Esther Duflo, 'Field Experiments on Discrimination', in *Handbook of Field Experiments* (Elsevier, 2017).

3장. 수상쩍은 렌즈를 통해 바라본 '성' 이야기

1. 트루먼은 이미 대통령이었다. 프랭클린 D. 루스벨트 사망 후 대통령직을 인계받았기 때문이다.

2. 그 신문은 정치부 기자인 아서 시어스 헤닝(Arthur Sears Henning)의 판단에 기댔는데, 그는 여론조사와 다른 정보를 이용해 선거 결과를 예측했다. 또한 다음을 참조하라. 'The Untold Story of "Dewey Defeats Truman"' by Craig Silverman, *Huffington Post* (5 December 2008).

3. Michael Barbaro, 'How Did the Media — How Did We — Get This Wrong?', *New York Times* (9 November 2016).

4. 더 정확히 말하자면, 왕은 트럼프가 240명을 넘는 선거인단을 확보하면 벌레를 먹겠다고 했다. 다음을 참조하라. Sam Wang, 'Sound Bites and Bug Bites', *Princeton Election Consortium* (4 November 2016). Wang posted the tweet on 19 October 2016.

5. Alexandra King, 'Poll Expert Eats Bug on CNN After Trump Win', *CNN* (12 November 2016).

6. Jelke Bethlehem, 'The Rise of Survey Sampling', Statistics Netherlands (2009).

7. Tom Smith, 'The First Straw? A Study of the Origins of Election Polls', *Public Opinion Quarterly* (1990).

8. 스미스의 주장에 따르면, 1824년 선거는 1800년 이후 "최초로 열띤 경쟁이 벌어진" 행사였다. 1800년 이후 선거제도에 여러 가지 변경사항이 적용되었는데, 이는 선거가 무엇보다도 다수 대중에 의해 결정되도록 하기 위해서였다.

9. Sarah Igo, *The Averaged American: Surveys, Citizens and the Making of a Mass Public* (Harvard University Press, Cambridge, Mass., 2007).

10. 여론조사의 이미지에 금이 간 것은 이번이 처음이 아니었다. 1936년 잡지 《리터러리 다이제스트(Literary Digest)》(그전까지는 해당 분야의 권위자가) 앨프 랜던(Alf Landon)이 이긴다고 예측했다. 《리터러리 다

이제스트)는 다음 해에 사업을 접어야 했다.

11. Alfred Kinsey, Wardell Pomeroy and Clyde Martin, *Sexual Behavior in the Human Male* (W.B. Saunders Company, 1948).
12. Frederick Mosteller, *The Pleasures of Statistics: The Autobiography of Frederick Mosteller* (Springer, 2010).
13. David Spiegelhalter, *Sex by Numbers* (Profile Books, London, 2015).
14. Thomas Rueb, 'Een op de tien wereldburgers is homoseksueel' ('열 명 중 한 명은 동성애자다'), *nrc.nl* (24 July 2012).
15. Sarah Igo, *The Averaged American: Surveys, Citizens and the Making of a Mass Public* (Harvard University Press, Cambridge, Mass., 2007).
16. 이 장에 나오는 킨제이의 연구 및 세 통계학자에 관한 논의를 위해 다음 세 권의 책을 이용했다. James Jones, *Alfred C. Kinsey: A Life* (Norton, New York, 1997); Sarah Igo, *The Averaged American: Surveys, Citizens and the Making of a Mass Public* (Harvard University Press, Cambridge, Mass., 2007); David Spiegelhalter, *Sex by Numbers* (Profile Books, London, 2015).
17. 킨제이는 보고서에서 10만 건의 관찰이 필요하다고 주장했다. 그는 더 확장된 버전의 연구를 발표하길 원했지만, 끝내 성사되지 못했다.
18. 'The Kinsey Interview Kit', *The Kinsey Institute for Research in Sex, Gender and Reproduction* (1985).
19. David Spiegelhalter, *Sex by Numbers* (Profile Books, London, 2015).
20. 이 수치들은 Natsal-3 연구에서 가져왔으며 다음 책 3장에 언급되어 있다. David Spiegelhalter, *Sex by Numbers* (Profile Books, London, 2015).
21. Michele Alexander and Terri Fisher, 'Truth and consequences: Using the bogus pipeline to examine sex differences in self-reported sexuality',

Journal of Sex Research (2003). 실험은 다음 책 3장에 논의되어 있다. David Spiegelhalter, *Sex by Numbers* (Profile Books, London, 2015). 2,6명의 성교 상대자들은 다른 학생이 보고 있을 가능성이 있는 집단에서 나온 결과였다. 다른 연구집단도 있었는데, 거기서 응답자들은 문이 닫힌 실내에 있었다. 이 집단에서 성교 상대자의 평균 수는 3.4명이었다.

22. Guy Harling, Dumile Gumede, Tinofa Mutevedzi, Nuala McGrath, Janet Seeley, Deenan Pillay, Till W. Barnighausen and Abraham J. Herbst, 'The Impact of Self-Interviews on Response Patterns for Sensitive Topics: A Randomized Trial of Electronic Delivery Methods for a Sexual Behaviour Questionnaire in Rural South Africa', *BMC Medical Research Methodology* (2017).

23. 내가 이 여론조사를 접한 것은 2017년 12월 5일의 여론조사를 다루었던 다음 프로그램이다. BBC Radio 4 programme *More or Less*. 내가 여기 그리고 다음 섹션에서 내놓은 비판도 거기에서 논의되었다. 그 프로그램의 진행자 팀 하포드가 프리트비라지 무케르지와 대담을 나누었다. 무케르지는 @peelaraja라는 아이디로 다음과 같은 트윗을 올렸던 인물이다. "만약 내 마케팅 연구 수업을 수강하면서 그런 설문조사를 기획했다면, 낙제를 당했을 것이다"(2016년 11월 21일).

24. Jelke Bethlehem, 'Terrorisme een groot probleem? Het is maar net hoe je het vraagt' ('테러리즘이 과연 문제인가? 질문을 어떻게 구성하느냐에 따라 답이 달라진다'), *peilingpraktijken.nl* (2 October 2014).

25. David Spiegelhalter, *Sex by Numbers* (Profile Books, London, 2015).

26. 보고서 8쪽에 따르면, 연구에 참여한 흑인의 수가 너무 적어서 흑인에 관해 알 수 있는 정보가 없다.

27. 'Internet Users per 100 Inhabitants', *unstats.un.org* (consulted on 31

July 2018).

28. Jeffrey Arnett, 'The Neglected 95%: Why American Psychology Needs to Become Less American', *American Psychologist* (October 2008).
29. Joseph Henrich, Steven Heine and Ara Norenzayan, 'The Weirdest People in the World?', *Behavioral and Brain Sciences* (June 2010).
30. 이 현상을 설명할 수 있는 이유를 대자면, 현대사회의 사람들은 건물이나 도시의 광장에서 보이는 것처럼 직각에 익숙해 있기 때문이다. 이것이 우리의 뇌에 특정한 시각적 속임수를 부렸고, 뮐러-라이어 착시에서 문젯거리가 된다는 것을 알 수 있다.
31. 이 문단과 뒤에 이어지는 문단들은 다음 책에 바탕을 두고 있다. *Inferior* by Angela Saini (HarperCollins Publishers, 2018).
32. 'Drug Safety: Most Drugs Withdrawn in Recent Years Had Greater Health Risks for Women', United States Government Accountability Office (19 January 2001).
33. Archibald Cochrane and Max Blythe, *One Man's Medicine* (BMJ Books, London, 1989).
34. Dana Carney, Amy Cuddy and Andy Yap, 'Power Posing: Brief Nonverbal Displays Affect Neuroendocrine Levels and Risk Tolerance', *Psychological Science* (2010).
35. Eva Ranehill, Anna Dreber, Magnus Johannesson, Susanne Leiberg, Sunhae Sul and Roberto Weber, 'Assessing the Robustness of Power Posing: No Effect on Hormones and Risk Tolerance in a Large Sample of Men and Women', *Psychological Science* (2015). 2018년 커디는 두 동료와 함께 활기찬 자세가 정말로 긍정적 효과가 있음을 보여주는 연구를 소개했다. 하지만 다른 연구자들이 다시 그 데이터를 새로 분석했더니

활기찬 자세의 효과를 입증할 증거가 나오지 않았다. 다음을 참조하라. Marcus Crede, 'A Negative Effect of a Contractive Pose Is Not Evidence for the Positive Effect of an Expansive Pose: Commentary on Cuddy, Schultz, and Fosse (2018)', unpublished manuscript, available on *SSRN* (12 July 2018).

36. Katherine Button, John Ioannidis, Claire Mokrysz, Brian Nosek, Jonathan Flint, Emma Robinson and Marcus Munafo, 'Power failure: why small sample size undermines the reliability of neuroscience', *Nature Reviews: Neuroscience* (May 2013).

37. 이 일화는 다음에 나온다. Sarah Igo, *The Averaged American: Surveys, Citizens and the Making of a Mass Public* (Harvard University Press, Cambridge, Mass., 2007).

38. 아마 여러분도 18,000이라는 수치가 두 보고서의 1만 1,000건과 일치하지 않음을 알아차렸을 것이다. 킨제이와 동료 연구자들은 1만 8,000명을 인터뷰하긴 했지만 모든 관찰 내용이 보고서에 실리진 않았다. 이를테면 흑인들 또는 보고서 발표 후에 인터뷰한 사람들이 제외되었다.

39. 전문적인 내용을 하나 언급하자면, 대표성이 없는 인구 표본이 우연으로 여전히 생길지 모른다. 하지만 무작위 표본 추출일 경우에는 그런 일이 생길 확률을 알게 되므로, 대표성의 정도를 정량화할 수 있다.

40. 이 내용은 다음에 나온다. 'Kinsey', an episode in the documentary series *American Experience*, first broadcast on 14 February 2015.

41. Richard Perez-Pena, '1 in 4 Women Experience Sex Assault on Campus', *New York Times* (21 September 2015). 나는 이 여론조사에 관한 내용을 다음 기사에서 알게 되었다. the Huffington Post by Brian Earp: '1 in 4 Women: How the Latest Sexual Assault Statistics Were

Turned into Click Bait by the *New York Times*' (28 September 2015).

42. David Cantor, Reanne Townsend and Hanyu Sun, 'Methodology Report for the AAU Campus Climate Survey on Sexual Assault and Sexual Misconduct', *Westat* (12 April 2016).

43. 계산은 다음과 같이 이뤄진다. 만약 남은 80퍼센트가 피해자라면, $0.2 \times 0.25 + 0.8 \times 1 = 0.85$ (85퍼센트). 만약 남은 80퍼센트가 피해자가 아니라면 $0.2 \times 0.25 + 0.8 \times 0 = 0.05$ (5퍼센트).

44. 오차범위는 무응답을 고려하며 표본이 대표성이 있고 질문이 올바르게 이루어졌다고 가정한다.

45. https://goodcalculators.com/margin-of-error-calculator/ 사이트에서 '인구 크기'를 입력하라. 이것은 여러분이 관심 있는 집단의 크기다. 본문의 경우, 미국 남성 인구는 총 6,000만 명이었다. 이 (가상적인) 사례에서, '표본 크기'는 100이고 '비율'은 50퍼센트였다. 측정된 오차범위 값이 9.8퍼센트이므로, 그 비율은 최대 59.8퍼센트와 최소 40.2퍼센트 사이에 있을 수 있다(이 값들은 95퍼센트 신뢰 구간에 속한다).

46. David Weigel, 'State Pollsters, Pummeled by 2016, Analyze What Went Wrong', *Washington Post* (30 December 2016).

47. 미국은 선거인단 제도를 실시하므로, 일반투표에서 이기더라도 꼭 대통령 선거 당선자가 되는 것은 아니다.

48. 내가 ABC 뉴스와 《워싱턴포스트》를 선택한 이유는 파이브서티에이트에서 A+를 받았기 때문이다. 이 점수는 그 데이터 웹사이트가 여론조사 기관에 주는 가장 높은 등급이다. 4퍼센트의 오차범위는 다음에 나온다. Scott Clement and Dan Balz, 'Washington Post —ABC News Poll: Clinton Holds Four-Point Lead in Aftermath of Trump Tape', *Washington Post* (16 October 2016).

49. Nate Silver, 'The Real Story of 2016', fivethirtyeight.com (19 January 2017).
50. 'NOS Nederland Kiest: De Uitslagen' ('네덜란드가 여론조사를 실시하다: 그 결과들'), NOS (18 March 2015). 스탁스는 2시 07분 50초에 그 발언을 했다.
51. James Jones, *Alfred C. Kinsey: A Life* (Norton, 1997).
52. John Bancroft, 'Alfred Kinsey's Work 50 Years on', in a new edition of *Sexual Behavior in the Human Female* (Indiana University Press, 1998).
53. X는 존스가 킨제이 전기에서 그 사람을 부르는 말이다.
54. 이 인용문의 출처는 다음이다. James Jones, *Alfred C. Kinsey: A Life* (Norton, 1997). 다음 문단들의 다른 인용문들도 이 책에서 인용했다.

4장. 흡연이 폐암을 일으킨다는 분명한 사실이 의심받은 이유

1. 이 장에 나오는 담배 업계에 관한 나의 논의는 다음을 바탕으로 한다. Robert Proctor, *Golden Holocaust: Origins of the Cigarette Catastrophe and the Case for Abolition* (University of California Press, 2011); Naomi Oreskes and Erik Conway, *Merchants of Doubt: How a Handful of Scientists Obscured the Truth on Issues from Tobacco Smoke to Global Warming* (Bloomsbury, 2012); and Tim Harford, 'Cigarettes, Damn Cigarettes and Statistics', *Financial Times* (10 April 2015).
2. Ernest Wynder, Evarts Graham and Adele Croninger, 'Experimental Production of Carcinoma with Cigarette Tar', *Cancer Research* (December 1953).
3. 'Background Material on the Cigarette Industry Client', a memo from 15 December 1953. 이것은 담배 업계의 문서 보관소인 다음에서 찾을

수 있다. the Industry Documents Library.

4. 리겟앤드마이어스(Ligget & Myers)는 이 모임에 참석하지 않았다. 이 회사는 담배의 해로움을 다룬 연구 결과를 아예 무시하는 입장이었다.
5. 'A Frank Statement to Cigarette Smokers', 4 January 1954.
6. Naomi Oreskes and Erik Conway, *Merchants of Doubt* (Bloomsbury, London, 2012), page 15.
7. Darrell Huff, *How to Lie with Statistics* (Victor Gollancz, 1954). 나는 펭귄출판사에서 출간된 1991년 개정판을 사용했다.
8. J. Michael Steele, 'Darrell Huff and Fifty Years of *How to Lie with Statistics*', *Statistical Science*, Institute of Mathematical Statistics (2005).
9. 'NUcheckt: Helpt gin-tonic tegen hooikoorts?' ('NU 체크: 진토닉이 건초열에 좋은가?'), *NU.nl* (3 May 2018).
10. Anouk Broersma, 'Wegscheren schaamhaar vergroot kans op soa' ('음모를 깎으면 성병에 걸릴 가능성이 높아진다'), *de Volkskrant* (6 December 2016).
11. Liesbeth De Corte, 'Chocolade is wel gezond, maar enkel en alleen de pure variant' ('초콜릿은 건강에 좋지만 다크 초콜릿만 그렇다'), *AD* (5 May 2018).
12. Sumner Petroc, Vivian-Griffiths Solveiga, Boivin Jacky, Williams Andy, Venetis Christos A, Davies Aimee et al. 'The association between exaggeration in health related science news and academic press releases: retrospective observational study', *BMJ* (10 December 2014).
13. Jonathan Schoenfeld and John Ioannidis, 'Is Everything We Eat Associated with Cancer? A Systematic Cookbook Review', *American Journal of Clinical Nutrition* (January 2013).

14. 다음에서도 폴을 논의했다. 'Deze statistische fout wordt in bijna elk debat gemaakt (en zo pik je haar eruit)'['이 통계 실수는 거의 모든 토론에서 저질러진다(그리고 이것이 그 실수를 간파하는 방법이다)'], *De Correspondent* (8 March 2016).

15. Lotto Odds *https://www.lottery.co.uk/lotto/odds* (last checked on January 10th 2020).

16. *www.tylervigen.com/spurious-correlations* (consulted on 3 August 2018).

17. Randall Munroe, 'Significant', *xkcd.com*.

18. Brian Wansink, David Just and Collin Payne, 'Can Branding Improve School Lunches?', *Archives of Pediatrics and Adolescent Medicine* (October 2012).

19. Brian Wansink and Koert van Ittersum, 'Portion Size Me: Plate-Size Induced Consumption Norms and Win-Win Solutions for Reducing Food Intake and Waste', *Journal of Experimental Psychology: Applied* (December 2013).

20. Stephanie Lee, 'Here's How Cornell Scientist Brian Wansink Turned Shoddy Data into Viral Studies about How We Eat', *BuzzFeed News* (25 February 2018).

21. Archibald Cochrane and Max Blythe, *One Man's Medicine* (BMJ Books, London,1989).

22. 나는 이 연구에 관해 다음 기사를 썼다. 'Deze statistische fout wordt in bijna elk debat gemaakt (en zo pik je haar eruit)'['이 통계 실수는 거의 모든 토론에서 저질러진다(그리고 이것이 그 실수를 간파하는 방법이다)'], *De Correspondent* (8 March 2016).

23. 'Borstsparende therapie bij vroege borstkanker leidt tot betere

overleving'(유방암 초기 종양 절제술로 생존 가능성을 높이다), *IKNL* (10 December 2015).

24. 이 보도에 관한 개요는 다음을 참조하라. 'Is borstsparend opereren en bestralen beter dan amputeren?'('방사선 치료와 결합된 종양절제술이 유방절제술보다 나은가?'), *Borstkankervereniging Nederland (Netherlands Breast Cancer Association)* (15 December 2015).

25. Marissa van Maaren, Linda de Munck, Luc Strobbe and Sabine Siesling, 'Toelichting op berichtgeving over onderzoek naar borstkankeroperaties'('유방암 수술에 관한 연구를 다룬 보도에 관한 논평'), *IKNL* (17 December 2015).

26. Ronald Veldhuizen, 'Zijn borstamputaties toch gevaarlijker dan borstsparende operaties?'('결국 유방절제술이 종양절제술보다 위험한가?'), *de Volkskrant* (17 December 2015).

27. 여기에서도 제3의 요인, 즉 흡연이 관여할 수 있다. 흡연자는 가냘프고 생존 확률이 낮은 편이다. Andrew Stokes and Samuel Preston, 'Smoking and Reverse Causation Create an Obesity Paradox in Cardiovascular Disease', *Obesity* (2015).

28. 이 장은 폐암을 주로 살펴보며 다른 종류의 암과 심부전 같은 다른 해로운 건강 효과는 다루지 않는다.

29. 나는 다음 TEDx 강연에서 이 뉴스를 이야기했다. 'How to Defend Yourself against Misleading Statistics in the News', *TEDx Talks* (3 November 2016).

30. 'Moeten we misschien iets minder vlees eten?'('고기를 조금 덜 먹어야 하는가?'), Zondag met Lubach (Sunday with Lubach), *VPRO* (1 November 2015).

31. Martijn Katan, 'NRC Opinie 29-10-2015: Vleeswaren en darmkanker' ('NRC 의견 29-10-25: 가공육과 대장암'), *mkatan.nl* (29 October 2015).

32. 'Q&A on the Carcinogenicity of the Consumption of Red Meat and Processed Meat', *World Health Organization* (October 2015).

33. Fritz Lickint, 'Tabak und Tabakrauch als atiologischer Faktor des Carcinoms' ('암의 병인론적 요인으로서의 담배와 담배 연기'), *Zeitschrift for Krebsforschung und klinische Onkologie* (암 연구와 임상 종양학 저널) (December 1930).

34. Richard Doll and Austin Bradford Hill, 'A Study of the Aetiology of Carcinoma of the Lung', *British Medical Journal* (1952).

35. Robert Proctor, *Golden Holocaust: Origins of the Cigarette Catastrophe and the Case for Abolition* (University of California Press, 2011).

36. 담배 업계는 어쩔 수 없이 문서를 공개했다. 모든 자료를 웹사이트 Legacy Tobacco Documents Library에서 열람할 수 있다.

37. 'The only #climatechange chart you need to see http://natl.re/wPKpro (h/t @PowelineUS)', @NationalReview on Twitter, 14 December 2015.

38. Roz Pidcock, 'How Do Scientists Measure Global Temperature', *CarbonBrief* (16 January 2015).

39. 'GISS Surface Temperature Analysis', *data.giss.nasa.gov* (consulted on 8 January 2018).

40. Roz Pidcock, 'Scientists Compare Climate Change Impacts at 1.5C and 2C', *CarbonBrief* (21 April 2016).

41. 이것은 '이동평균(moving average)'인데, 한 번에 한 해씩 이동하면서 5년의 기간에 대해 계산된 평균이라는 뜻이다.

42. 'Statement by Darrell Huff', *Truth Tobacco Industry Document*.
43. Ronald Fisher, *Smoking. The Cancer Controversy: Some Attempts to Assess the Evidence* (F.R.S. Oliver and Boyd, 1959).
44. David Salsburg, *The Lady Tasting Tea* (A.W.H. Freeman, 2001).
45. David Roberts, 'The 2 Key Points Climate Skeptics Miss', *Vox.com* (11 December 2015).
46. Claude Teague, 'Survey of Cancer Research' (1953).
47. 'WHO Statement on Philip Morris Funded Foundation for a Smoke-Free World', *World Health Organization* (28 September 2017).
48. Naomi Oreskes and Erik Conway, *Merchants of Doubt: How a Handful of Scientists Obscured the Truth on Issues from Tobacco Smoke to Global Warming* (Bloomsbury, London, 2012).
49. Martijn Katan, 'Hoe melkvet gezond wordt' ('어떻게 우유 지방이 건강에 좋은 것이 되는가'), *mkatan.nl* (30 January 2010).
50. Christie Aschwanden, 'There's No Such Thing As "Sound Science"', *FiveThirtyEight* (6 December 2017).
51. 다비트 다우베의 아들과 개인적으로 나눈 이야기로, 다음에 언급되어 있다. Robert Proctor, *Golden Holocaust: Origins of the Cigarette Catastrophe and the Case for Abolition* (University of California Press, 2011).
52. Alex Reinhart, 'Huff and Puff', *Significance* (October 2014).

5장. 틀리지 않는 계산 기계는 없다

1. 제니퍼에 관한 이야기는 다음에 나온다. TED Talk by Shivani Siroya: 'A Smart Loan for People with No Credit History (Yet)', *TED.com* (February 2016).

2. 이 장을 위해 나는 고맙게도 다음을 이용했다. *Weapons of Math Destruction* by Cathy O'Neil (Crown, 2016).

3. Sean Trainor, 'The Long, Twisted History of Your Credit Score', *Time* (22 July 2015).

4. 수는 또한 안면인식에도 관여하는데, 안면인식을 위해서는 사람의 얼굴을 측정해야 하기 때문이다.

5. 'Data Never Sleeps 5.0', *domo.com* (consulted on 14 August 2018).

6. Brian Resnick, 'How Data Scientists Are Using AI for Suicide Prevention', *Vox.com* (9 June 2018).

7. Celine Herweijer, '8 Ways AI Can Help Save the Planet', *World Economic Forum* (24 January 2018).

8. 'No Longer Science Fiction, AI and Robotics Are Transforming Healthcare', *PWC Global* (consulted on 15 August 2018).

9. Mallory Soldner, 'Your Company's Data Could End World Hunger', *TED.com* (September 2016).

10. Louise Fresco, 'Zeg me wat u koopt en ik zeg wat u stemt'('당신이 뭘 사는지 말해주면 당신이 어떻게 투표할지를 알려주겠다'), *NRC* (16 November 2016).

11. Marc Hijink, 'Hoe bepaalt de verzekeraar hoe veilig jij rijdt?'('보험회사는 여러분이 얼마나 안전하게 운전하는지를 어떻게 판단할까?'), *NRC* (5 April 2018).

12. Maurits Martijn, 'Baas Belastingdienst over big data: "Mijn missie is gedragsverandering"'('과세당국의 수장: "내 임무는 행동 변화다"'), *De Correspondent* (21 April 2015).

13. Julia Dressel and Hany Farid, 'The Accuracy, Fairness, and Limits of

Predicting Recidivism', *ScienceAdvances* (17 January 2018).

14. Brian Christian and Tom Griffiths, *Algorithms to Live by* (Henry Holt and Company, 2016).

15. Cathy O'Neil, *Weapons of Math Destruction* (Crown, 2016).

16. 1959년 컴퓨터과학자 아서 새뮤얼(Arthur Samuel)은 기계학습이라는 용어를 새로 만들면서 다음 정의를 내놓았다. "컴퓨터에게 명시적인 프로그래밍 없이 배울 수 있는 능력을 주는 연구 분야."

17. 'Our Story', zestfinance.com (consulted on 14 August 2018).

18. 'Zest Automated Machine Learning', zestfinance.com (consulted on 14 August 2018).

19. 이 문단을 위해 다음을 이용했다. 'U staat op een zwarte lijst' ('당신은 블랙리스트에 올랐다') by Karlijn Kuijpers, Thomas Muntz and Tim Staal, *De Groene Amsterdammer* (25 October 2017).

20. Julia Dressel and Hany Farid, 'The Accuracy, Fairness and Limits of Predicting Recidivism', *ScienceAdvances* (17 January 2018).

21. 'Background Checking —The Use of Credit Background Checks in Hiring Decisions', *Society for Human Resource Management* (19 July 2012). 이론상 여러분은 조회를 허락하지 않을 수 있다. 하지만 선택권이 별로 없는데, 취업 가능성을 내다버리는 것과 같을 수 있기 때문이다.

22. Amy Traub, *Discredited*, Demos (February 2013).

23. 'Credit Reports', *Last Week Tonight with John Oliver*, HBO (10 April 2016).

24. 앞서 언급한 설문조사에서 고용주들의 45퍼센트는 범죄 예방을 이유로 댔고 19퍼센트는 구직자의 신뢰성 평가라는 이유를 댔다.

25. Jeremy Bernerth, Shannon Taylor, H. Jack Walker and Daniel Whitman,

'An Empirical Investigation of Dispositional Antecedents and Performance-Related Outcomes of Credit Scores', *Journal of Applied Psychology* (2012).

26. Kristle Cortes, Andrew Glover and Murat Tasci, 'The Unintended Consequences of Employer Credit Check Bans on Labor and Credit Markets', Working Paper no. 16-25R2, Federal Reserve Bank of Cleveland (January 2018).

27. Sean Illing, 'Proof That Americans Are Lying About Their Sexual Desires', *Vox.com* (2 January 2018).

28. Seth Stephens-Davidowitz, *Everybody Lies* (Bloomsbury Publishing, London, 2017).

29. 'All data is credit data', 더글러스 메릴이 다음 TED 강연에서 한 말이다. 'New credit scores in a new world: Serving the Underbanked' (13 April 2012).

30. Karlijn Kuijpers, Thomas Muntz and Tim Staal, 'U staat op een zwarte lijst' ('당신은 블랙리스트에 올랐다'), *De Groene Amsterdammer* (25 October 2017).

31. *Report to Congress Under Section 319 of the Fair and Accurate Credit Transactions Act of 2003*, Federal Trade Commission (December 2012).

32. Lauren Brennan, Mando Watson, Robert Klaber and Tagore Charles, 'The Importance of Knowing Context of Hospital Episode Statistics When Reconfiguring the NHS', *BMJ* (2012).

33. Jim Finkle and Aparajita Saxena, 'Equifax Profit Beats Street View as Breach Costs Climb', *Reuters* (1 March 2018).

34. Cathy O'Neil, *Weapons of Math Destruction* (Crown, 2016).

35. 'Stat Oil', *Economist* (9 February 2013).
36. Ron Lieber, 'American Express Kept a (Very) Watchful Eye on Charges', *New York Times* (30 January 2009).
37. Robinson Meyer, 'Facebook's New Patent, "Digital Redlining", and Financial Justice' *The Atlantic* (25 September 2015).
38. 'Stat Oil', *Economist* (9 February 2013).
39. Chris Anderson, 'The End of Theory', *Wired* (23 June 2008).
40. Jesse Frederik, 'In de economie valt een appel niet altijd naar beneden (ook al zeggen economen vaak van wel)' ['경제에서는 사과가 늘 땅에 떨어지지는 않는다(설령 경제학자가 그렇다고 말하더라도)'], *De Correspondent* (24 September 2015).
41. Erick Schonfeld, 'Eric Schmidt Tells Charlie Rose Google is "Unlikely" to Buy Twitter and Wants to Turn Phones into TVs', *TechCrunch* (7 March 2009).
42. 정확히 말해서 그 알고리즘은 내원 횟수를 예측하도록 설계되었다. 다음을 참조하라. David Lazer, Ryan Kennedy, Gary King and Alessandro Vespignani, 'The Parable of Google Flu: Traps in Big Data Analysis', *Science* (14 March 2014). 이 논문을 나는 후속 문단들에서도 사용했다.
43. 이 상관관계는 우연이 아닌데, 고등학교 야구 시즌은 독감 시즌과 겹치기 때문이다.
44. 이 실험에 관한 나의 설명은 다음을 토대로 하고 있다. Tim Harford, The Logic of Life (Random House, 2009); and Roland Fryer, Jacob Goeree and Charles Holt, 'Experience-Based Discrimination: Classroom Games', *The Journal of Economic Education* (Spring 2005).
45. 'Planning Outline for the Construction of a Social Credit System

(2014—2020)', translated into English by Rogier Creemers, *China Copyright and Media* (14 June 2014). 이후의 인용문도 이 문서에 나온다.

46. Rogier Creemers, 'China's Social Credit System: An Evolving Practice of Control', *SSRN* (9 May 2018).
47. Alipay website, *intl.alipay.com* (consulted on 15 August 2018).
48. 이 문단과 이어지는 문단들을 위해 다음을 이용했다. Rachel Botsman, 'Big Data Meets Big Brother as China Moves to Rate Its Citizens', *Wired* (21 October 2017); Mara Hvistendahl, 'Inside China's Vast New Experiment in Social Ranking', *Wired* (14 December 2017).
49. Paul Lewis, '"Fiction is Outperforming Reality": How YouTube's Algorithm Distorts the Truth', *Guardian* (2 February 2018).
50. 'FTC Report Confirms Credit Reports Are Accurate', *CISION PR Newswire* (11 February 2013).
51. Maurits Martijn and Dimitri Tokmetzis, 'Je hebt wel iets te verbergen' ('당신은 정말로 숨길 것이 있다'), *De Correspondent* (2016).

6장. 숫자 본능을 이기는 힘

1. 'Een glas alcohol is eigenlijk al te veel' ('One Glass of Alcohol is One Too Many), *nos.nl* (13 April 2018).
2. 이 장 내용의 수정된 버전이 다음에 실렸다. De Correspondent with the title 'Waarom slimme mensen domme dingen zeggen' ('왜 영리한 사람들이 멍청한 소리를 하는가') on 18 July 2018. 이 장의 일부 내용은 다음에서 영감을 받았다. Tim Harford, 'Your Handy Postcard-Sized Guide to Statistics', timharford.com, published previously in *Financial Times* (8

February 2018).

3. Angela Wood et al, 'Risk Thresholds for Alcohol Consumption: Combined Analysis of Individual-Participant Data for 599 912 Current Drinkers in 83 Prospective Studies', *The Lancet* (14 April 2018).
4. @VinayPrasadMD on Twitter (28 April 2018).
5. 'Skills Matter: Further Results from the Survey of Adult Skills' (OECD Publishing, 2016).
6. 'PISA 2012 Results: Ready to Learn Students' Engagement, Drive and Self-Beliefs (Volume III) (OECD Publishing, 2013).
7. Sanne Blauw, 'Waarom we slechte cijfers zoveel aandacht geven' ('왜 우리는 나쁜 수에 크게 관심을 쏟는가'), *De Correspondent* (15 June 2017).
8. Sanne Blauw, 'Het twaalfde gebod: wees je bewust van je eigen vooroordelen'('제12계명: 자신의 편견을 조심하라'), *De Correspondent* (24 February 2016).
9. Dan Kahan, Ellen Peters, Erica Cantrell Dawson and Paul Slovic, 'Motivated Numeracy and Enlightened Self-Government', *Behavioural Public Policy* (May 2017). 이 연구에 관한 논의를 위해 나는 고맙게도 다음을 이용했다. Ezra Klein, 'How Politics Makes Us Stupid', *Vox.com* (6 April 2014).
10. 응답자들은 정당 선호 및 이데올로기에 관한 질문을 받았다. 카한 연구팀은 그 내용을 과학 문헌의 노선을 따르긴 했지만 '진보적인 민주당 지지자'와 '보수적인 공화당 지지자'라는 이분법에 따라 정리했다.
11. 이 발견은 카한 연구팀뿐만 아니라 다른 연구자들도 자주 재현했다. 다음을 참조하라. Dan Kahan, Asheley Landrum, Katie Carpenter, Laura Helft and Kathleen Hall Jamieson, 'Science Curiosity and Political

Information Processing', *Advances in Political Psychology* (2017).

12. Beth Kowitt, 'The Paradox of American Farmers and Climate Change', *fortune.com* (29 June 2016).

13. Ezra Klein, 'How Politics Makes Us Stupid', *Vox.com* (6 April 2014).

14. 'Een extra glas alcohol kan je leven met 30 minuten verkorten' ('알코올 한 잔만 더 마셔도 수명이 30분 줄 수 있다'), *AD* (13 April 2018).

15. Dan Kahan, Asheley Landrum, Katie Carpenter, Laura Helft and Kathleen Hall Jamieson 'Science Curiosity and Political Information Processing', *Advances in Political Psychology* (2017). 이 연구에 관한 논의를 위해 고맙게도 나는 다음을 이용했다. Brian Resnick, 'There May Be an Antidote to Politically Motivated Reasoning. And It's Wonderfully Simple', *Vox.com* (7 February 2017).

16. Tim Harford, 'Your Handy Postcard-Sized Guide to Statistics', timharford.com, published previously in *Financial Times* (8 February 2018).

17. 'Animal Models in Alcohol Research', *Alcohol Alert* (April 1994).

18. Chiara Scoccianti, Beatrice Lauby-Secretan, Pierre-Yves Bello, Veronique Chajes and Isabelle Romieu, 'Female Breast Cancer and Alcohol Consumption: A Review of the Literature', *American Journal of Preventive Medicine* (2014).

19. *Richtlijnen goede voeding 2015* (건강한 식사를 위한 지침), Netherlands Health Council (2015).

20. @realDonaldTrump on Twitter (21 March 2020).

21. Elizabeth Cohen and Marshall Cohen, 'After Trump's statements about hydroxy\-chloroquine, lupus and arthritis patients face drug shortage',

CNN (7 April 2020).

22. Roni Caryn Rabin, 'Major Study of Drinking Will Be Shut Down', *New York Times* (15 June 2018).

23. Roni Caryn Rabin, 'Federal Agency Courted Alcohol Industry to Fund Study on Benefits of Moderate Drinking', *New York Times* (17 March 2018).

24. Owen Dyer, '$100m Alcohol Study Is Cancelled amid Pro-Industry "Bias"', *BMJ* (19 June 2018).

맺음말. 수를 원래 자리로 되돌려놓기

1. Sanne Blauw, 'Waarom je beter geluk dan rendement kunt meten' ('왜 투자수익보다 행복을 측정하는 게 더 나은가'), *De Correspondent* (20 March 2015).

2. 'OECD Better Life Index', http://www.oecdbetterlifeindex.org (consulted on 17 August 2018).

3. *Monitor brede welvaart 2018* (복지의 모니터링: 더 광범위한 그림을 그리다), Netherlands Statistics (2018).

4. 'AEA RCT Registry', http://www.socialscienceregistry.org (consulted on 16 August 2018). Registered Reports from the Center for Open Science is another example.

5. 'Estimating the Reproducibility of Psychological Science', Open Science Collaboration, *Science* (2015).

6. 다음 사례를 참조하라. *International Journal for Re-Views in Empirical Economics*.

7. Geert Bors, 'Leraar zijn in relatie (2): je bent je eigen instrument' (관

계 속에서 교사 되기 (2): 당신은 스스로 행위자다), *Stichting NIVOZ* (4 July 2018).
8. "지금까지 3년 동안 [중등 직업학교에서] 점수를 안 매기고 학생들을 가르치고 있어요. 안심이에요! 학생들한테도 동기부여가 더 많이 되고 학습 분위기도 편안해졌어요(검사 압박이 없어짐). 심지어 단어의 격변화도 더 이상 문젯거리가 아니에요. 저는 꼬마 악당들이 아주 자랑스러워요. 하지만 학교에서 이러는 건 저뿐이랍니다. 초등학교들도 이 방법을 도입하고 싶어해요." @bijlesduits on Twitter, 30 May 2018.
9. Sheila Sitalsing, 'Dappere verkoopsters van de Bijenkorf bewijzen: protesteren tegen onzin heeft zin' ('용감한 비엔코르프 백화점 판매원들이 증명해내다: 터무니없는 지시에 저항하기는 쓸모 있다'), *de Volkskrant* (22 May 2018).
10. 'Steeds meer beoordelingen: "Dit geeft alleen maar stress"' ('점점 더 많은 평가가 스트레스를 낳는다'), *Nieuwsuur* (24 April 2018).
11. http://www.openschufa.de (consulted on 17 August 2018).
12. selbstauskunft.net/schufa. Consulted on 18 September. 이 시점에 27,959건의 신청이 이루어졌다.

체크리스트. 숫자를 의심하는 연습

1. 이 체크리스트의 여섯 가지 질문은 다음과 같은 유사한 목록들에서 영감을 받았다. *Your Handy Postcard-Sized Guide* to Statistics by Tim Harford, the last chapter of *How to Lie with Statistics* by Darrell Huff and *The Pocket Guide to Bullshit Prevention* by Michelle Nijhuis.

더 읽을거리

나는 누구나 읽을 수 있도록 이 책을 간략하게 썼으며 (그런 필요에서) 일부 주제는 깊이 파헤칠 수 없었다. 다행히도 내가 다룬 통계의 오용, 그리고 수가 지배하는 사회의 역사 및 기타 주제를 다룬 훌륭한 책이 적지 않다.

《새빨간 거짓말, 통계》는 대럴 허프의 미심쩍은 이력에도 불구하고 여전히 필독서다. 또한 찰스 세이프Charles Seife의 《프루피니스 Proofiness》와 조던 엘런버그Jordan Ellenberg의 《틀리지 않는 법How Not to Be Wrong》을 추천한다. 최근 사안들의 통계적 오용 문제에 뒤처지지 않으려면 BBC 라디오 4의 〈모어 오어 레스More or Less〉를 듣고 네이트 실버Nate Silver의 웹사이트 파이브서티에이트를 방문하고, 신문의 사실 확인 칼럼들을 눈여겨 참조하라.

수가 지배하는 사회의 역사를 더 자세히 알고 싶다면 제임스 C. 스콧James C. Scott의 《국가처럼 보기Seeing Like a State》와 유발 하라리의 《사피엔스Sapiens》를 추천한다. 지능검사의 역사는 스티븐 제이 굴드의 《인간에 관한 오해》를 참조하라. 다이앤 코일Diane Coyle은 저서 《GDP 사용설명서: 간결하지만 다정한 역사GDP: A Brief But Affectionate History》에서 GDP를 멋지게 논하고 있다. 여론조사에 관한 역사적 검토를 위해서는 새라 이고Sarah Igo의 《평균화된 미국인The Averaged American》이 좋은 입문서이며, 성에 관한 더 많은 정보를 위해서는 데이비드 스피겔할터David Spiegelhalter의 《수로 보는 성Sex by Numbers》이 훌륭한 필독서다. 담배 업계의 관행은 로버트 프록터의 《골든 홀로코스트》, 그리고 나오미 오레스케스와 에릭 콘웨이의 《의혹을 파는 상인》에 연대기적으로 정리되어 있다. 빅데이터 알고리즘을 더 알고 싶으면 캐시 오닐의 《대량살상수학무기》와 한나 프라이Hannah Fry의 《안녕, 인간Hello World》를 참조하라. 수를 해석하기 위해 필요한 심리적 과정은 대니얼 카너먼Daniel Kahneman의 《생각에 관한 생각Thinking Fast and Slow》에 훌륭하게 기술되어 있다. 필립 테틀록Philip Tetlock과 댄 가드너Dan Gardner의 《슈퍼 예측, 그들은 어떻게 미래를 보았는가Superforecasting》는 인간의 심리가 어떻게 예측을 하고 현실을 해석하는 데 관여하는지 잘 설명해준다.

마지막으로 나는 다음 자서전들을 꼼꼼하게 즐겨 읽었다. 아치 발드 코크런과 맥스 블라이드Max Blythe의 《한 남자의 의학One Man's Medicine》, 마크 보스트리지Mark Bostridge의 《플로렌스 나이팅게일 Florence Nightingale》, 그리고 제임스 존스의 《앨프리드 C. 킨제이 Alfred C. Kinsey》.

옮긴이 노태복
한양대학교 전자공학과를 졸업했다. 환경과 생명 운동 관련 시민단체에서 해외 교류 업무를 맡던 중 번역가의 길로 들어섰다. 과학과 인문의 경계에서 즐겁게 노니는 책들 그리고 생태적 감수성을 일깨우는 책들에 관심이 많다. 옮긴 책으로 《수학의 쓸모》《아인슈타인이 괴델과 함께 걸을 때》《부의 원칙》《생각한다면 과학자처럼》 등이 있다. 저글링을 하면서 즐겁게 살고 있다.

위험한 숫자들

초판 발행 · 2022년 3월 31일
초판 2쇄 발행 · 2022년 4월 23일

지은이 · 사너 블라우
옮긴이 · 노태복
발행인 · 이종원
발행처 · (주)도서출판 길벗
출판사 등록일 · 1990년 12월 24일
주소 · 서울시 마포구 월드컵로 10길 56(서교동)
대표전화 · 02)332-0931 | **팩스** · 02)323-0586
홈페이지 · www.gilbut.co.kr | **이메일** · gilbut@gilbut.co.kr

기획 및 책임편집 · 안아람(an_an3165@gilbut.co.kr) | **제작** · 이준호, 손일순, 이진혁
마케팅 · 한준희, 김선영 | **영업관리** · 김명자, 심선숙 | **독자지원** · 윤정아, 홍혜진

디자인 · 김종민 | **교정교열 및 전산편집** · P.E.N. | **CTP 출력 및 인쇄** · 북솔루션 | **제본** · 북솔루션

- 이 책은 저작권법에 따라 보호받는 저작물이므로 무단전재와 무단복제를 금지하며, 이 책 내용의 전부 또는 일부를 이용하려면 반드시 저작권자와 (주)도서출판 길벗의 서면 동의를 받아야 합니다.
- 잘못 만든 책은 구입한 서점에서 바꿔 드립니다.

ISBN 979-11-6521-893-5 03410
(길벗 도서번호 040178)

값 17,000원

독자의 1초까지 아껴주는 정성 길벗출판사

(주)도서출판 길벗 | IT실용, IT/일반 수험서, 경제경영, 취미실용, 인문교양(더퀘스트) www.gilbut.co.kr
길벗이지톡 | 어학단행본, 어학수험서 www.gilbut.co.kr
길벗스쿨 | 국어학습, 수학학습, 어린이교양, 주니어 어학학습, 교과서 www.gilbutschool.co.kr